Rudolf Diesel
Die Entstehung des Dieselmotors

SEVERUS

Diesel, Rudolf: Die Entstehung des Dieselmotors
Hamburg, SEVERUS Verlag 2012
Nachdruck der Originalausgabe von 1913

ISBN: 978-3-86347-263-4
Druck: SEVERUS Verlag, Hamburg, 2012

Der SEVERUS Verlag ist ein Imprint der Diplomica
Verlag GmbH.

**Bibliografische Information der Deutschen
Nationalbibliothek:**
Die Deutsche Nationalbibliothek verzeichnet diese
Publikation in der Deutschen Nationalbibliografie;
detaillierte bibliografische Daten sind im Internet über
http://dnb.d-nb.de abrufbar.

DIE ENTSTEHUNG
DES DIESELMOTORS

VON

RUDOLF D'ESEL

DR. ING. H. C.
DER TECHNISCHEN HOCHSCHULE MÜNCHEN

MIT 83 TEXTFIGUREN UND 3 TAFELN

Vorrede.

Diese Schrift entstand aus einem am 21. November 1912 in der Schiffbau-technischen Gesellschaft zu Berlin auf Anregung des Vorsitzenden, Geheimrat C. Busley, gehaltenen Vortrage.

Dieser Vortrag war nur ein auf kurze Zeit bemessener, daher sehr lückenhafter und insbesondere ganz unvollständiger Auszug aus der hier vorliegenden Arbeit, die gegenüber dem Vortrag etwa den dreifachen Umfang hat und viele Kapitel und Ergänzungen enthält, die der Vortrag nicht einmal berühren konnte. N u r d i e s e A u s g a b e d a r f d a h e r a l s e i n e e r s c h ö p f e n d e B e h a n d - l u n g d e s G e g e n s t a n d e s a n g e s e h e n w e r d e n.

Trotzdem es im Texte des Buches mehrfach wiederholt ist, muß doch auch hier betont werden, daß das Thema dieser Schrift sich ganz strenge nur auf die Entstehungszeit des Dieselmotors und die damit u n m i t t e l b a r zusammen-hängenden Laboratoriumsarbeiten beschränkt, sie konnte daher weder die V o r - l ä u f e r des Dieselmotors, noch die E n t w i c k l u n g dieser Maschine n a c h ihrer Entstehungszeit behandeln.

Einige unentbehrliche Randbemerkungen, die nicht streng zu dem Thema gehören, aber einzelne Stellen des Textes vervollständigen oder erläutern, sind an den Schluß des Buches verwiesen.

M ü n c h e n , September 1913.

Rudolf Diesel.

Inhaltsverzeichnis.

Seite

Die Idee 1

Die Ausführung: 6

   1. Versuchsreihe 1893 8

   2.   ,,   Januar—April 1894 15

   3.   ,,   Mai—September 1894 27

   4.   ,,   Oktober—Dezember 1894 30

   5.   ,,   Januar 1895—September 1896 36

   6.   ,,   Oktober 1896—Juni 1897 57

Die Einführung in die Praxis 79

Weitere Laboratoriumsarbeiten von der zweiten Hälfte 1897 bis
   Ende 1899: 91

    A. Betriebs- und Konstruktionsfragen 94

    B. Flüssige Brennstoffe 107

    C. Gasförmige Brennstoffe 115

    D. Feste Brennstoffe: Kohlenstaub 125

    E. Compound-Motor 130

Die typischen Konstruktionsformen des Dieselmotorbaues 140

Die grundlegenden Gesetze des Dieselmotorbaues 149

Randbemerkungen 151

Die Entstehung des Dieselmotors.

Die Idee.

Eine Erfindung besteht aus zwei Teilen: der Idee und ihrer Ausführung (1) *).
Wie entsteht die Idee?

Mag sein, daß sie manchmal blitzartig auftaucht, meistens wird sie sich
aber durch mühevolles Suchen aus zahllosen Irrtümern langsam herausschälen,
sich allmählich durch Vergleiche, Ausscheiden des Wichtigen vom Unwichtigen,
mit immer größerer Deutlichkeit dem Bewußtsein aufdrängen, bis sie endlich
klar vom Geiste geschaut wird. Die Idee selbst entsteht dabei weder durch Theorie,
noch durch Deduktion, sondern intuitiv. Die Wissenschaft ist bloß
Hilfsmittel zum Suchen, zum Prüfen, aber nicht Schöpferin des
Gedankens.

Aber selbst wenn die wissenschaftliche Nachprüfung die Richtigkeit des
Gedankens erwiesen hat, ist die Erfindung noch nicht reif. Erst wenn die Natur
selbst die durch den Versuch an sie gestellte Frage bejahend beantwortet hat,
ist die Erfindung vollendet. Auch dann ist sie immer nur ein Kompromiß zwischen
dem Ideal der Gedankenwelt und dem Erreichbaren der realen Welt.

Als mein verehrter Lehrer, Professor Linde, am Polytechnikum in München
1878 seinen Zuhörern in der thermo-dynamischen Vorlesung erklärte, daß die
Dampfmaschine nur 6—10 % der disponiblen Wärme des Brennstoffes in effektive
Arbeit umwandle, als er den Carnotschen Lehrsatz erläuterte und ausführte, daß
bei der isothermischen Zustandsänderung eines Gases alle zugeführte Wärme
in Arbeit verwandelt werde, da schrieb ich an den Rand meines Kollegienheftes:
„Studieren, ob es nicht möglich ist, die Isotherme praktisch zu verwirklichen".
Damals stellte ich mir die Aufgabe! Das war noch keine Erfindung, auch nicht

---

*) Die im Text mit (1), (2), (3) usw. vermerkten Hinweise beziehen sich auf die gleich-
bezeichneten Stellen im Kapitel „Randbemerkungen" am Schluß des Buches Seite 151.

die Idee dazu. Der Wunsch der Verwirklichung des Carnotschen Idealprozesses beherrschte fortan mein Dasein. Ich verließ die Schule, ging in die Praxis, mußte mir meine Stellung im Leben erobern. Der Gedanke verfolgte mich unausgesetzt.

Damals setzte man in den überhitzten Wasserdampf alle Hoffnung zur Verbesserung der Wärmeausnutzung der Dampfmaschine. Da mir als Kältemaschinen-Mann der Ammoniakdampf geläufig war, ging ich dazu über, an Stelle der Wasserdämpfe überhitzte Ammoniakdämpfe anzuwenden, die, weil bei normalen Betriebsverhältnissen weit von ihrem Kondensationspunkt entfernt, gegen die kühlende Wirkung der Zylinderwände viel weniger empfindlich sind. In der Lindeschen Eisfabrik zu Paris richtete ich ein Laboratorium für das gründliche Studium der überhitzten Ammoniakdämpfe und Ammoniaklösungen, sowie zum Bau kleiner Ammoniakmotoren mit Absorption des Abdampfes ein (2). Die Hand in Hand gehenden theoretischen Untersuchungen ergaben für eine rationelle Ausnutzung der Überhitzungswärme die Notwendigkeit der gleichzeitigen Anwendung sehr hoher Drucke.

Solche hochgespannte und hoch überhitzte Dämpfe befinden sich schon beinahe in dem Zustand eines Gases. Wie nun die Grundgedanken entstanden, das Ammoniak durch ein wirkliches Gas, nämlich hochgespannte, hoch erhitzte Luft zu ersetzen, in solche Luft allmählich fein verteilten Brennstoff einzuführen und sie gleichzeitig mit der Verbrennung der einzelnen Brennstoffpartikel so expandieren zu lassen, daß möglichst viel von der entstehenden Wärme in äußere Arbeit übergeht, das weiß ich nicht. Aber aus dem fortwährenden Jagen nach dem angestrebten Ziel, aus den Untersuchungen der Beziehungen zahlloser Möglichkeiten wurde endlich die richtige Idee ausgelöst, die mich mit namenloser Freude erfüllte. N a c h d e m ich auf dem Umwege über die Dampfüberhitzung auf eine besondere Art von Verbrennungsprozeß gestoßen war, prüfte ich diese Idee an Hand der Thermodynamik und veröffentlichte diese zunächst rein theoretischen Betrachtungen in einer kleinen Schrift *), die im Jahre 1893, 14 Jahre nach jener Randbemerkung im Kollegienhefte, veröffentlicht wurde, und in welcher ich nach Untersuchung aller Arten von Verbrennungskurven die isothermische Verbrennung als die rationellste erklärte. Das deutsche Patent No. 67 207 war kurz vorher angemeldet.

Es würde zu weit führen, den Inhalt dieser Schrift hier wiederzugeben; für diejenigen, welche sich speziell für den allmählichen Übergang von der Theorie zur praktischen Maschine interessieren, muß auf diese Schrift verwiesen und hin-

---

*) Theorie und Konstruktion eines rationellen Wärmemotors. Berlin, Julius Springer 1893.

zugefügt werden, daß ich durch weiteres Vertiefen dieser Studien auch nach der praktischen Seite, insbesondere unter Berücksichtigung der mechanischen Arbeitsverluste erkannte, daß dem Carnotschen Kreisprozeß sein Ruf als „e i n z i g vollkommener" nur theoretisch gebühre, und daß für die praktische Maschine nicht die Maximaltemperatur, sondern der Maximaldruck ausschlaggebend sei. Danach mußte in der Praxis nicht nur bei der K o m p r e s s i o n, wie ich in meiner theoretischen Schrift angenommen hatte, sondern auch bei der V e r b r e n n u n g die Isotherme für die Erreichung großer spezifischer Leistungen und brauchbarer mechanischer Wirkungsgrade v e r l a s s e n werden, allerdings gegen beträchtliche Opfer an der ursprünglich berechneten Wärmeausnutzung. Deshalb meldete ich noch im gleichen Jahre, 1893, ein zweites deutsches Patent No. 82 168 an, in welchem n e b e n der Isotherme noch jede andere Form von Verbrennungslinien im Diagramm geschützt war (3). Hierdurch wurde erst volle Freiheit für die Entfaltung der ursprünglichen und eigentlichen Erfindungsgedanken gewonnen, welche, wie bereits erwähnt, die folgenden waren:

1. Erhitzung reiner Luft im Arbeitszylinder der Maschine durch ihre mechanische Kompression vermittels des Kolbens weit über (4) die Entzündungstemperatur des zu benutzenden Brennstoffes

2. Allmähliches Einführen von fein verteiltem Brennstoff unter Verbrennung desselben in diese hoch erhitzte und verdichtete Luft bei gleichzeitiger Arbeitsleistung derselben auf den ausschiebenden Kolben

   Da ein Brennstoff nur brennen kann, wenn er zuvor vergast ist, so war für alle nicht gasförmigen Brennstoffe die unmittelbare Folge aus diesem zweiten Grundgedanken:

3. allmähliche Vergasung des Brennstoffes im Arbeitszylinder selbst, jeweils nur in geringsten Mengen auf einmal, für jeden Hub des Kolbens besonders unter Entnahme der Vergasungswärme zur Einleitung der Verbrennung aus der Verdichtungswärme.

   Der dritte Grundgedanke sollte den umständlichen und verlustreichen Gasgenerator beseitigen.

Es wird häufig von Laien, auch selbst in wissenschaftlichen Kreisen kurzerhand ausgesprochen, das Wesensmerkmal des Dieselverfahrens sei die Selbstzündung des Brennstoffes, der Zweck der hohen Verdichtung sei, daß der im Totpunkt eingespritzte Brennstoff sich von selbst entzündet, und die Höhe der Verdichtung sei bedingt durch die sichere Selbstzündung.

Nichts ist unrichtiger als diese oberflächliche Anschauung, die den Tatsachen und insbesondere der geschichtlichen Entstehung direkt zuwiderläuft.

Motoren mit Selbstzündung des Brennstoffes hat es schon früher gegeben; ich habe die Selbstzündung weder jemals in meinen Patenten beansprucht, noch in meinen Schriften als ein zu erreichendes Ziel angegeben. Ich suchte einen Prozeß mit höchster Wärmeausnutzung und dieser gestaltete sich so, daß die Selbstzündung ganz von selbst in ihm enthalten war. Wenn die Luft weit über die Entzündungstemperatur des Brennstoffes durch Verdichtung erhitzt ist, dann ergibt sich die Entzündung des Brennstoffes an dieser Luft automatisch, sie ist aber nicht der Grund für diese hohe Kompression. Die Selbstzündung aller flüssigen und gasförmigen Brennstoffe geht in der betriebswarmen Maschine schon bei niedrigen Drucken, von 5—10, höchstens 15 Atm., vor sich. Es wäre demnach viel einfacher, leichtere billigere Maschinen für diese Verdichtungsgrade zu bauen und die Schwierigkeiten der ersten Zündung bei noch kalter Maschine durch eine vorübergehend gebrauchte künstliche Zündung zu überbrücken. Es wäre unsinnig, bloß wegen der Zündung bei kalter Maschine so schwere und schwierige Maschinen für 30—40 Atm. Verdichtung zu bauen, da die Motoren einmal betriebswarm, gerade so gut mit niedriger Verdichtung weiter laufen, wie Versuche oft gezeigt haben.

Der Zweck des Verfahrens, das jahrelang Gesuchte und so schwer Verwirklichte ist aber etwas ganz anderes, nämlich die Erzielung der höchstmöglichen Brennstoffausnutzung; dieser Zweck verlangt die hochverdichtete Luft. Da letztere aber den der Luft beigemischten Brennstoff viel zu früh zur Selbstzündung bringt, so war die Selbstzündung durch Kompression, wie sie in den damaligen Gasmotoren bekannt war, ein Hindernis zur Durchführung des Verfahrens und mußte in dieser Form vermieden werden, es mußte die Luft allein durch mechanische Verdichtung so hoch verdichtet werden, daß die gewünschte günstige Wärmeverwertung entstand.

Die Höhe dieser Verdichtung ist nicht durch die Zündung des Brennstoffes gegeben, sondern entsprechend dem ursprünglichen Zweck durch das Maximum der wirtschaftlichen Brennstoffausnutzung (4).

Nach meinen theoretischen Studien habe ich, wie bereits erwähnt, auch diese praktische Frage nach dem günstigsten Kompressionsgrade untersucht und in Rechnungen und graphischen Darstellungen festgelegt, daß die richtige Verdichtungsgrenze bei 30—35 Atm. liegt. Wird weniger verdichtet, so wird die hohe Wärmeausnutzung nicht erreicht, wird höher verdichtet, so sinkt die Wärmeausnutzung wieder unter das Maximum infolge der mit der negativen Verdichtungsarbeit verbundenen mechanischen Verluste, außerdem liegt bei diesen Kompressionsgraden auch ungefähr das Maximum der Leistung pro 1 cbm Zylindervolumen. Der günstigste Kompressionsgrad war so zu wählen, daß sowohl der wirtschaftliche Wirkungsgrad als die Raumleistung g l e i c h z e i t i g ungefähr ihr Maximum erreichten. Diese Studien wurden nicht veröffentlicht, da kein Interesse bestand, interne praktische Winke vorzeitig bekanntzugeben, sie sind aber in Korrespondenzen mit der Firma Krupp niedergelegt und haben sich dann durch die Erfahrungen der Versuchsjahre bestätigt (5).

Auch der zweite, wichtige Vorgang, die allmähliche Einführung von fein verteiltem Brennstoff in die hochverdichtete Luft, wird bei jener vereinfachten, summarischen Definition des Diesel-Verfahrens übergangen, ebenso der dritte, die Vergasung im Zylinder selbst und die Entnahme der Vergasungswärme aus der Verdichtungswärme.

Gerade zur Zeit der Entstehung des Dieselmotors wurden von anderer Seite Versuche gemacht, die schweren Öle, wie sie heute in dieser Maschine Verwendung finden, in Generatoren zu vergasen. Letztere scheiterten an ihrer Umständlichkeit und der Notwendigkeit besonderer Bedienung, an dem Kampf mit Teer- und Kohlebildungen, chemischen und physikalischen Zersetzungen der Öle und an ihren Wärme- und sonstigen Verlusten, abgesehen von der nach der Vergasung aufzuwendenden und verlorenen Kompressionsarbeit. Es ist sehr zu bezweifeln, ob ein Motor für schwere flüssige Brennstoffe auf dieser Basis zu Bedeutung gekommen wäre. Die Vergasung des Brennstoffes aus der Verdichtungswärme im Arbeitszylinder selbst durchzuführen, war aber, wie die späteren Ausführungen beweisen werden, die größte, fast unüberwindliche Schwierigkeit bei der praktischen Durchführung der Grundideen, und gerade an dieser Bedingung wäre fast alles gescheitert.

Das Dieselverfahren besteht also nicht darin, die Luft so hoch zu verdichten, daß der eingespritzte Brennstoff sich daran von selbst entzündet, sondern in einer Reihe aufeinander folgender Vorgänge, wovon jeder einzelne für das Gelingen n o t w e n d i g ist.

Die Veröffentlichung meiner Broschüre löste heftige Kritiken von verschiedenen Seiten aus, die durchschnittlich sehr ungünstig, ja eigentlich vernichtend ausfielen; es würde zu weit führen, diese Dinge zu wiederholen. Günstig waren nur drei Stimmen, diese aber von Gewicht. Ich nenne die Namen: Linde, Schröter, Zeuner. Lindes Urteil wurde mündlich gegeben, Zeuners brieflich und Schröters wurde veröffentlicht. Diese Urteile gingen im wesentlichen dahin, daß die erfinderischen Grundgedanken und die daran geknüpften theoretischen Erörterungen richtig seien und waren von großem Einfluß auf den Entschluß der beiden Firmen:

Maschinenfabrik Augsburg und Fried. Krupp, Essen, die neuen Ideen praktisch zu erproben.

Am 21. Februar 1893 unterzeichnete ich einen Vertrag mit der Maschinenfabrik Augsburg, wonach diese gegen gewisse Alleinrechte für Süddeutschland und allgemeine Verkaufsrechte für ganz Deutschland sich verpflichtete, nach meinen Plänen eine Versuchsmaschine innerhalb sechs Monaten aufzustellen und alsdann die Versuche vorzunehmen.]

Am 10. April 1893 trat ich alle übrigen deutschen Rechte an die Firma Fried. Krupp in Essen ab, ebenfalls gegen die Verpflichtung, nach meinen Konstruktionszeichnungen eine Versuchsmaschine zu bauen. Bald darauf einigten sich beide Firmen dahin, die Versuchsarbeiten in einem g e m e i n s a m e n Laboratorium auf g e m e i n s a m e Kosten zu machen, während ich mich ausschließlich der Leitung des Laboratoriums bis zur Herstellung einer verkaufsfähigen Maschine zu widmen hatte.

Die Ausführung.

Der Zweck des Laboratoriums war die Verkörperung des Gedankens, also die Erforschung der physikalischen und chemischen Erfordernisse des Arbeitsprozesses und der besten Arbeitsbedingungen der Maschine sowie die Durchbildung der typischen, konstruktiven Einzelheiten, als Grundlage für die spätere fabrikmäßige Herstellung der Maschinen, kurz die Feststellung der grundlegenden Gesetze und Konstruktionsformen des Dieselmotorbaues.

Es wurde dabei immer an vollständig betriebsfähigen Maschinen gearbeitet, da die Herstellung besonderer Apparate zum Studium einzelner Vorgänge des Verfahrens meist ebensoviel oder mehr Zeit und Geld kostet wie die wirkliche Maschine und den Nachteil hat, daß die Ergebnisse, wenn sie auch wissenschaftlich interessant sind, doch nicht denen des praktischen Maschinenbetriebes entsprechen, so daß Fehlschlüsse die Folge sein können. Allerdings wurde an diesen betriebsfähigen Maschinen immer nur e i n e Frage auf einmal behandelt, da die gleichzeitige Behandlung mehrerer Aufgaben ebenfalls zu Trugschlüssen führt. Einzelne Vorgänge im Innern der Maschine, wie Zerstäuben, Einspritzen und Einblasen von Brennstoff, Flammenbildung usw., mußten zu ihrer Erforschung auch an offener Luft probiert werden, da hier die Beobachtung durch das Auge wichtige Schlüsse zuließ; aber auch dann wurden ausnahmslos die wirklich betriebsfähigen Organe an der wirklichen Maschine erprobt. Diese Art des Vorgehens erschien als die sicherste, direkteste und rascheste. Es entstand so nach und nach ein mit allen Hilfsmitteln technischer und wissenschaftlicher Art ausgestattetes Laboratorium.

Von allen Versuchsobjekten sind genaue Konstruktionszeichnungen aufbewahrt worden, von allen Versuchen wurden Tag für Tag sofort gleichzeitig oder unmittelbar nachher auf das gewissenhafteste Journale geführt. Die Schlußfolgerungen aus den Versuchen wurden laufend niedergeschrieben und bei Versuchsserien tabellarisch oder graphisch zusammengestellt. Die vielen Tausende von Diagrammen wurden numeriert und bei den betr. Versuchsberichten eingeordnet. Von einzelnen besonderen Versuchsreihen oder Versuchsobjekten wurden außerhalb der allgemeinen Journale noch besondere Journale geführt.

Von allen Zeichnungen, Journalen und Diagrammen wurden den beiden beteiligten Firmen jeweils Duplikate übergeben, während die Originale in meinem Besitze verblieben.

Zur Hilfeleistung bei den Versuchen war mir ein Arbeiter beigegeben, mit dem allein ich alle vorkommenden Montagen, Demontagen und Versuchsarbeiten durchzuführen hatte. Auch alle Originalzeichnungen, Abänderungszeichnungen und Berechnungen, das Planimetrieren und Auswerten der Diagramme, das Schreiben der Versuchsjournale, die wissenschaftlichen Untersuchungen der Resultate und alle sonst vorkommenden Arbeiten mußten im allgemeinen von mir allein durchgeführt werden, bis mir nach zwei Jahren, als ich die Arbeit nicht mehr bewältigen konnte, ein junger Assistent beigegeben wurde.

Die ganze Versuchsangelegenheit war aber seitens der Fabrikdirektion dem Oberingenieur der Eismaschinenabteilung, Herrn Lucian Vogel, unterstellt, einem alten Freund aus meiner Münchener Studienzeit. Lucian Vogel hatte von Anfang an meine Vorschläge aus innerster Überzeugung unterstützt und hat während der ganzen langen und harten Versuchszeit nie einen Augenblick der Schwäche oder des Schwankens gezeigt. Wenn er auch selbst durch seine Berufsarbeit aufs äußerste angespannt war, so verfolgte er doch jede Einzelheit der Arbeiten genau, wohnte den wichtigen Versuchen bei, griff bei Zwischenfällen persönlich ein und sorgte für rasche Erledigung. Er hat die Arbeiten mit Rat und Tat und mit seiner reichen Erfahrung in selbstlosester und hingebendster Weise unterstützt und manchen guten Gedanken dazu gegeben.

Über die Arbeiten des Laboratoriums ist nunmehr zu berichten. Ich schicke voraus, daß ich mich dabei nicht auf mein Gedächtnis verlasse, sondern streng nur auf die Urkunden jener Zeit, bestehend in Korrespondenzen, Niederschriften und den erwähnten Zeichnungen und Versuchsjournalen, Dokumenten, die ich seit 15—18 Jahren nicht mehr durchgesehen hatte; sie bilden eine stattliche Anzahl von Bänden und eine umfangreiche Sammlung von Originalzeichnungen, die später dem Deutschen Museum in München übergeben werden sollen. Die folgenden Darstellungen sind vielfach w ö r t l i c h e   A u s z ü g e   a u s   d e n J o u r n a l e n und, soweit dies der Fall ist, durch Anführungszeichen kenntlich.

Eigentlich ist es eine undankbare Aufgabe, über technische Dinge aus längst vergangenen Zeiten zu berichten; dies ist aber unvermeidbar, wenn ein zutreffendes Bild von den Arbeiten, welche erforderlich waren, bevor das Ziel erreicht wurde, gegeben werden soll. Außerdem haben diese Arbeiten zu endgültigen Grundlagen und typischen Formen für den Dieselmotorbau geführt, welche heute noch allgemein Anwendung finden, so daß das Endergebnis der Darstellung doch wieder aktuell ist.

1. Versuchsreihe.

Von Anfang an wurde bei den Augsburger Versuchen die Anwendung der f l ü s s i g e n Brennstoffe als das erste und wichtigste Ziel angesehen, und der erste Motor war n u r hierfür entworfen, entgegen der häufig ausgesprochenen Ansicht, daß die ersten Versuche mit Kohlenstaub stattfanden und erst in zweiter Linie die flüssigen Brennstoffe in Betracht gezogen wurden. Auch der e r s t e für die Versuche bestellte Brennstoff war dickflüssiges, teerartiges Pechelbronner R o h ö l (6), war aber eine schwer entzündliche dicke, braune Masse, die selbst bei gewöhnlicher Temperatur sich nicht durch Rohre fördern ließ (siehe S. 107). Um daher die großen Schwierigkeiten der Behandlung dieses Stoffes aus den Versuchen auszuschalten, wurden die Versuche zunächst mit Benzin und Lampenpetroleum gemacht; das Studium der Rohöle wurde auf die Zeit nach Herstellung einer betriebssicheren Maschine vorbehalten.

Im Juli 1893 war die erste Maschine nach meinen Zeichnungen in Augsburg fertiggestellt. Am 17. Juli 1893 traf ich in freudiger Hoffnung in Augsburg ein; vor Eintritt in die Versuche mußte aber noch eine Luftkompressoranlage zum Füllen der Anlaßflaschen eingerichtet werden, da das Anlassen der Maschine mit verdichteter Luft von Anfang an vorgesehen war. Als Luftkompressionsanlage wurde ein in der Fabrik vorrätiger kleiner, einstufiger Lindescher Ammoniakkompressor verwendet. Außerdem mußte eine Transmission angebracht werden, um den Motor zunächst von ihr aus zu betreiben, bis er imstande war, umgekehrt von sich aus Kraft an die Transmission abzugeben.

Fig. 1 zeigt die erste Maschine von 150 mm Kolbendurchmesser und 400 mm Hub in ihrer äußeren Ansicht; Fig. 2 im Hauptvertikalschnitt durch die Schwungradwelle und Fig. 3 in Photographie.

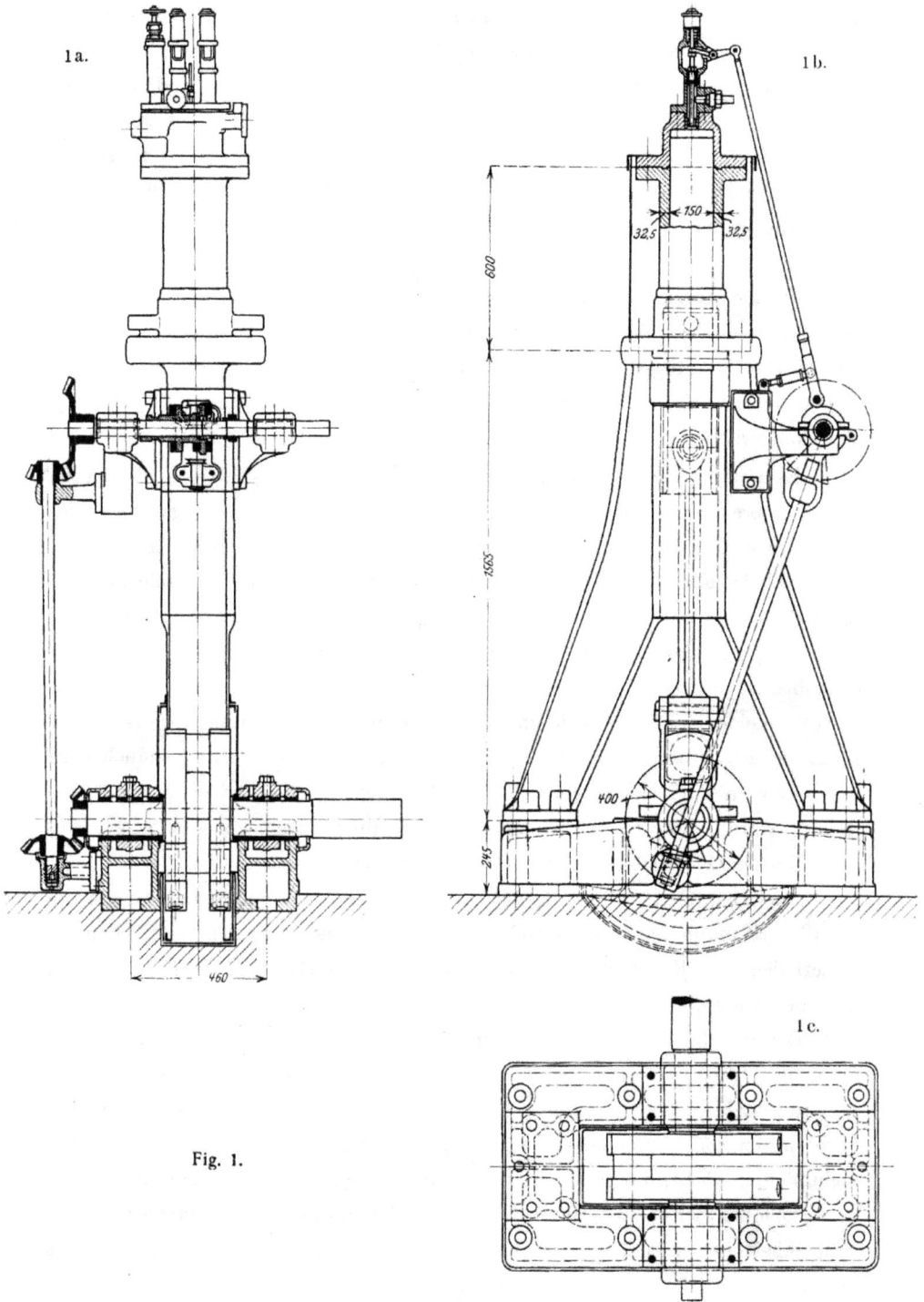

1a.

1b.

1c.

Fig. 1.

Der obere Teil des Zylinders, gleichzeitig Deckel, war aus Gußstahl, der untere rohrförmige Teil aus Gußeisen hergestellt. Mantelkühlung war nicht vorhanden. Der Tauchkolben hatte eine runde Kreuzkopfführung und war durch Pleuelstange mit der Kurbelwelle verbunden. Die Schwungradwelle trieb durch konische Zahnräder, vermittels einer schräg liegenden Zwischenwelle, die seitlich am Maschinengestell gelagerte Steuerwelle an, welche ihrerseits durch unrunde Scheiben die Ventile vermittels langer Gestänge steuerte. Die Maschine arbeitete im Viertakt.

An die Kreuzkopfführung schloß sich der Plungerkolben aus Gußstahl (Fig. 2,) an, dessen Abdichtung durch eine Stopfbüchse mit Drucköl erreicht werden sollte. Die Dichtungsstulpen aus dünner elastischer Bronze hatten U-Querschnitt. Schon der erste Versuch zeigte die Unmöglichkeit dieser Anordnung: „Das Prinzip des Plungerkolbens ist praktisch undurchführbar", heißt es im Journal.

Es wird auf die Ölstopfbüchse verzichtet und die Kolbendichtung mit kleinen, in den oberen Kolbenteil eingesprengten Gußringen ohne Spannringe hergestellt. Es war also damals schon in den ersten Versuchstagen die richtige, heute allein gebräuchliche Form der Kolbendichtung gefunden. Journal: „Es scheint, daß diese Form des Kolbens mit eingesprengten Gußringen ohne Spannringe konstruktiv die einzig richtige. ist; es wird sich nur noch darum handeln, dieselbe aus-zuprobieren, damit sie für hohen Druck und hohe Temperaturen brauchbar wird." Leider war sie noch unvollkommen und wurde, da die Verbesserungen nicht sogleich gelangen, später wieder auf lange Zeit verlassen, bis sie endlich nach m e h r e r e n V e r s u c h s j a h r e n wieder aufgenommen und endgültig durch-geführt wurde. Zur Kolben s c h m i e r u n g (nicht mehr zur Dichtung) wird zunächst die Ölkammer, aber nicht mehr unter Druck, beibehalten.

Die Dichtungen im allgemeinen gaben zu fortwährenden Anständen Anlaß. Es mußten auf diesem Gebiete zahllose Versuche mit den verschiedensten Materialien und Konstruktionen stattfinden, bis die typischen Dichtungsformen gefunden waren.

Die Stopfbüchsen der Brennstoffpumpe und Nadel wurden zuerst mit Asbest, dann mit Leder gedichtet, beides erfolglos, da ersteres sich im Petroleum auf-weichte, letzteres hornig wurde. Die Ledermanschetten der Hauptventilspindel verbrannten und wurden zunächst durch Kupfermanschetten ersetzt, die ebenfalls nicht hielten; Ersatz durch Asbest. Die Dichtungen der Luftdruckleitungen machten sehr große Schwierigkeiten, da die Hähne und Abschließungen des Handels, die der Einfachheit halber zunächst verwendet waren, für so hohe Drucke nicht dicht hielten.

Der erste Motor hatte für das Einsaugen der Frischluft und den Auspuff ein einziges, gemeinsames Organ, und zwar ein Doppelsitzventil (Fig. 2), wobei das Auspuffrohr sich nicht direkt an das Ventilgehäuse anschloß; der Auspuff-

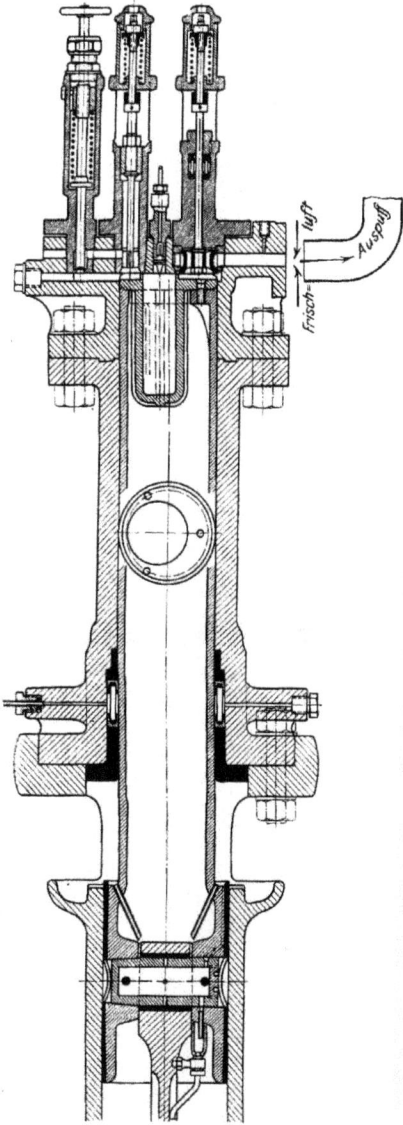

Fig. 2.

Fig. 3.

strahl sollte blasrohrartig durch das Auspuffrohr entweichen, während die Frisch-luft durch den freien Raum zwischen Zylinderflansch und Auspuffrohr eingesaugt

werden sollte. Zunächst erwies sich das erste Doppelsitzventil als undicht, und
zwar wie sich durch Versuche unter Dampfdruck erwies, infolge Deformation des
Sitzes durch Ausdehnung der Laternenstege. Das Ventil mußte zunächst umgebaut
werden und war dann brauchbar.

Das erste Anlaßventil (Fig. 2) hatte eine Kolbenentlastung, arbeitete aber
unrichtig. Journal: „Künstlich entlastete Ventile sind unbrauchbar, da die Wirklichkeit niemals ganz die Verhältnisse der Rechnung zeigt." Das Sicherheitsventil

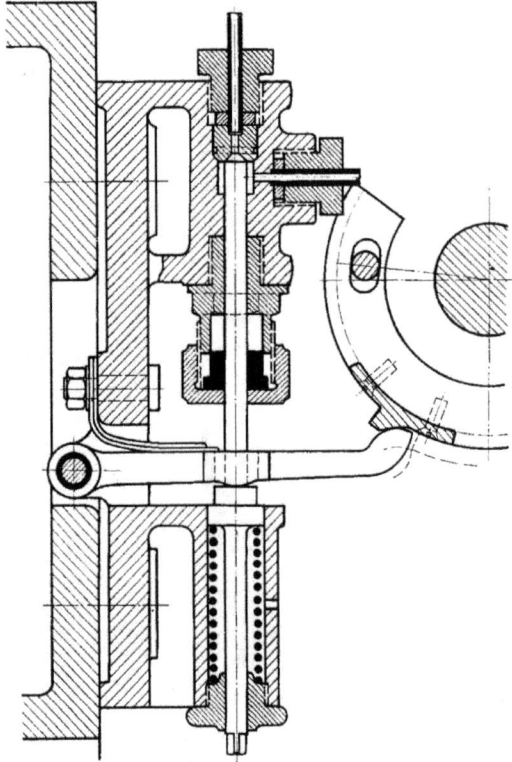

Fig. 4.

arbeitete gut. Das Petroleumventil (Fig. 4), damals schon als „Nadel" bezeichnet,
war bei der ersten Ausführung nicht oben im Deckel, sondern unten neben der
Steuerung angebracht. Die Einspritzung des Brennstoffs geschah an dieser Maschine
direkt aus der Petroleum-Druckleitung beim Öffnen der Nadel durch die Steuerung.
An der Einmündung der langen Leitung in den Zylinder befand sich eine offene
Körtingsche Streudüse (Fig. 2).

Die äußere Steuerung lief bei 300 Touren pro Minute sofort anstandslos. Diese erste Form der Steuerung der Ventile durch unrunde Scheiben ist bis heute selbst für Schnelläufer die typische geblieben.

Nach all diesen vorbereitenden Arbeiten erfolgten die ersten Kompressionsversuche, die nur bis 18 Atm. gelangen, die Diagramme zeigten eine stark n e g a - t i v e Fläche und bedeutenden Arbeitsverlust. Durch vieles Nachhelfen an Kolben und Ventilen wurde die Kompression allmählich auf 21—22 Atm., dann endlich auf 33—34 Atm. gebracht, letzteres aber erst 20 Tage nach Beginn der Versuche; selbst diese Kompression war aber nur halb so hoch als nach den Dimensionen des Kompressionsraumes theoretisch erwartet wurde.

Es folgten Untersuchungen der Kompressionslinien auf den Wert des Kompressionsexponenten k, der sich als viel zu klein erweist, die Kompressionslinien verlaufen tief unter der Adiabate.

Hier beginnt schon die eigentliche Leidensgeschichte der Erfindung, die t a s t e n d e A u f s u c h u n g d e r r i c h t i g e n F o r m, G r ö ß e u n d L a g e d e s K o m p r e s s i o n s r a u m e s i m Z y l i n d e r.

Diese Aufgabe betraf die grundsätzlichen Vorgänge der Vergasung und Verbrennung, und man konnte ihr nur durch zahllose Betriebs-Beobachtungen, durch allmähliche, langsam sich ergebende Schlußfolgerungen und Berechnungen aus den Kurven von Hunderten von Diagrammen auf den Leib rücken.

An der ersten Maschine war die Kompressionskammer ein im Kolben exzentrisch liegender büchsenartiger Hohlraum (Fig. 2) von 255 ccm. Die nun erfolgende genaue Untersuchung ergab aber noch neun andere zerstreut liegende kleinere Räume, die zusammen 157 ccm, also 60 % dieses Hauptraumes ausmachten. Es dämmert unbestimmt die Ahnung auf, daß der Verbrennungsraum zu zerklüftet ist und zu große Oberfläche im Verhältnis zu seinem Volumen aufweist.

Trotz der geringen erreichten Kompression wird am 10. August 1893, 20 Tage nach Beginn der Versuche, bei Antrieb des Motors von Transmission in Gegenwart meines Freundes Vogel die erste Einspritzung von Brennstoff, und zwar von Benzin, vorgenommen. Wir beide erwarteten die Wirkung in hochgespannter Aufregung.

„Die Zündung erfolgte sofort, das Diagramm Nr. 1 (siehe Diagrammtafel I) ergab Explosionspressungen bis zu 80 Atm."|

In Wirklichkeit war der Druck noch höher, denn der Indikator wurde unter heftigster Explosion zerstört und dessen Stücke flogen an unseren Köpfen vorbei. Dem Motor selbst war nichts passiert, war er doch für sehr hohe Drucke vorgesehen und gebaut wie eine Kanone.

Nachdem wir uns von dem Schrecken erholt hatten, war doch unsere Freude
groß, denn daß sich die Verbrennung automatisch als Teil des Verfahrens ein-
stellte war erwiesen.

An den folgenden Tagen zagende Wiederholung der Einspritzversuche.
Es entstehen wiederum mehr oder weniger heftige Explosionen ohne Arbeitsleistung,
abwechselnd mit zahlreichen Versagern, die damals noch nicht erklärt werden
konnten.

Bei all diesen Versuchen wälzen sich aus dem Auspuffrohr dicke, schwarze
Rußwolken. Die Diagramme (Nr. 2 und 3) zeigen die e r s t e , nachweisbare
Diagrammfläche, geben aber ihrer Kleinheit wegen noch keine Arbeitsleistung.
Allmählich werden dann die Diagramme größer und ruhiger, Nr. 4 zeigt 2,15 PSi
und eine Verbrennungslinie, die der Isotherme nahe kommt. Aber auch dieses
ergibt keinen Leerlauf der Maschine.

D i e s e   e r s t e   M a s c h i n e   h a t   ü b e r h a u p t   n i e m a l s   s e l b -
s t ä n d i g   l a u f e n   k ö n n e n !

Nach kurzer Zeit ist immer die ganze Maschine verrußt, Ventile und Kolben
blasen mächtig ab. Es gelingt aber doch, eine Reihe von Konstruktionsregeln
festzustellen, die im Journal wie folgt eingetragen werden:

„Aus- und Eintrittsventil sind gesondert auszuführen.“

„Die Brennstoffnadel muß unmittelbar am Eintritt des Brennstoffes in den
Zylinder liegen, da offene Düse riesige Gefahr. Es muß ein z w a n g l ä u f i g
kontrolliertes Einspritzen und absolut sicherer Schluß der Nadel nach Einspritzung
erfolgen“.

„Alle Luftsäcke in den Brennstoffleitungen sind zu vermeiden“.

„Stahl und Eisen sind für Brennstoffhähne nicht zu gebrauchen.“

„Stahlzylinder unbedingt verwerflich, frißt immer an.“

„Kurbelzapfen und Kreuzkopf liefen heiß, sind besser zu schmieren.“

Es wurden nun noch Anlaßversuche des Motors mit verdichteter Luft von
verschiedenen Drucken gemacht. Das Anlassen und Überspringen auf Betrieb
erfolgte vollkommen genau, so daß dieser Teil des Motors schon an der ersten
Maschine endgültig festgelegt war.

Weitere Versuche, an der Brennstoffsteuerung Veränderungen einzuführen,
waren infolge der Entfernung der Nadel von der Einspritzstelle so gefährlich, daß
sie aufgegeben werden mußten. Somit waren die Versuchsmöglichkeiten mit dieser
ersten Maschine nach einer 38 tägigen Versuchszeit erschöpft; es wurde ein offizielles
Protokoll der Ergebnisse niedergeschrieben und von Direktor H. Buz unterzeichnet,

dessen wesentlicher Satz lautet: „Die Durchführbarkeit des Prozesses an sich ist selbst in dieser unvollkommenen Maschine als erwiesen zu betrachten".

Die Ergebnisse dieser ersten Versuchsreihe waren folgende:

Erste Erkenntnis der Zerklüftung und zu großen Oberfläche des Kompressionsraumes.

Erfolg der automatischen Verbrennung ohne künstliche Hilfe.

Erste isothermenartige Verbrennungskurven.

Notwendigkeit der Trennung von Ein- und Auslaßventil.

Notwendigkeit der Versetzung der Brennstoffnadel unmittelbar an den Verbrennungsraum.

Ersatz des Plungerkolbens durch Ringkolben.

Typische Feststellung der äußeren Steuerung durch unrunde Scheiben.

Typische Feststellung des Anlaßverfahrens.

Verwerfung von Stahl für Zylinder und Kolben.

Regeln für die Verlegung von Brennstoffleitungen.

Zahlreiche Studien über Dichtungsfragen. —

Trotzdem war der Versuch ein Mißerfolg, da diese erste Maschine niemals selbständig laufen konnte. — Sehr deprimiert kehrte ich nach Berlin, meinem damaligen Wohnsitz, zurück und machte dort die Zeichnungen zu einem völligen Umbau dieser Maschine, dessen Ausführung fünf Monate dauerte.

2. Versuchsreihe.

Die umgebaute Maschine ist in Fig. 5, im Schnitt parallel, und in Fig. 6 senkrecht zur Schwungradwelle dargestellt. Der ganze frühere Unterbau der Maschine bis zum oberen Zylinderflansch ist beibehalten, ebenso der Durchmesser von 150 mm und der Hub von 400 mm. Der neue Deckel ist noch aus Gußstahl, dient aber nicht mehr als Lauffläche für die Kolbenringe. Anlaß- und Auslaßventile sind getrennt. Statt des früheren Doppelsitzventils sind jetzt einfache Tellerventile mit sehr schmalen Sitzen angewendet. In der Spindel des Auspuffventils befindet sich ein kleineres Ventil, durch dessen Vorauseröffnung Entlastung des Auspuffventils stattfindet. Als Sitze für die Ventile dienen in die Laternen eingesetzte Stahlringe. Das Nadelventil sitzt in einer ausnehmbaren Büchse im Deckel unmittelbar an der Einmündung des Petroleumstrahls in den Verbrennungsraum. Das Anlaßventil kann auch als Sicherheitsventil dienen, wobei die Spannung der Feder durch das oben befindliche Handrad geregelt wird.

Die Steuerung der Ventile erfolgt durch lange Gestänge genau wie früher

durch die am Gestellfuß angebrachte Steuerwelle, woselbst sich auch die Petroleumpumpe befindet, und zwar an der Stelle, wo früher die Nadel war (Fig. 7).

Vollständig umgebaut ist der Kolben, auf dessen Konstruktion später zurückgekommen wird. Die Kolbenschmierung erfolgt durch einen Ölschleppring, welcher
im unteren Totpunkt in ein ringförmiges Ölgefäß taucht. Die Verbrennungskammer

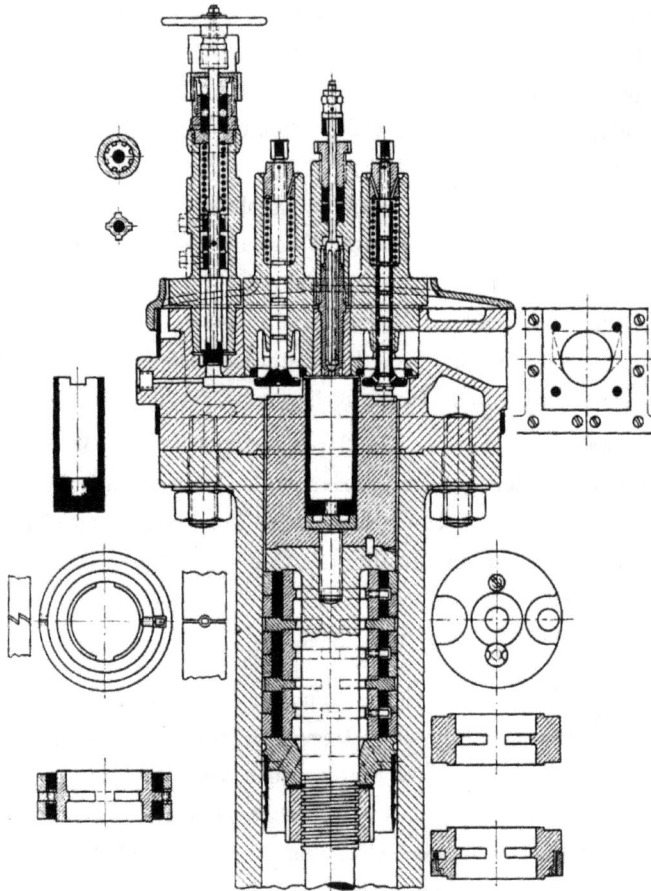

Fig. 5.

ist ein becherförmiger, zentraler Raum in dem hohen gußeisernen Kolbenaufsatz;
die Größe dieses Verbrennungsraumes kann durch verschiedene becherförmige
Einsätze verändert werden.

Fig. 6 zeigt insbesondere die neue Düsenkonstruktion im Deckel und in
Nebenfiguren verschiedene Versuchsvarianten, welche jeweils einzeln ausprobiert
werden, und die weiter unten erläutert sind.

Diese Maschine hat noch keinen Regulator.

Die Versuche mit dieser umgebauten Maschine begannen am 18. Januar 1894, und wurden, wie die früheren, von mir allein durchgeführt; nur ein Bedienungsmann war mir beigegeben, jedoch nicht, wie früher, ein Arbeiter, sondern ein Eismaschinenmonteur namens Linder, der von jetzt ab bis zum endgültigen Erfolg abwechselnd mit einem anderen Monteur namens Schmucker bei den

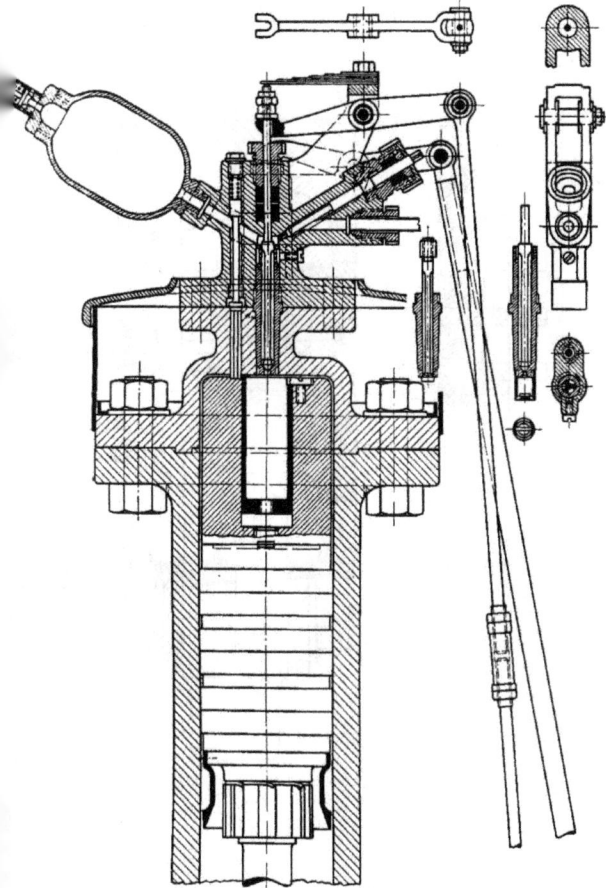

Fig. 6.

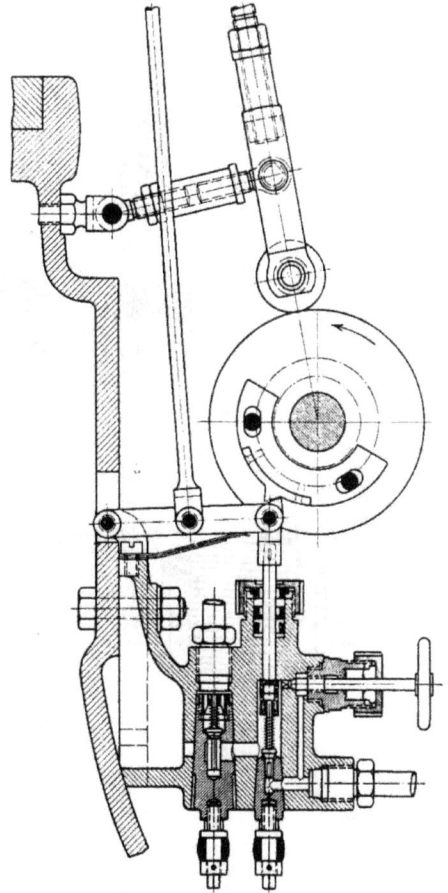

Fig. 7.

Versuchen blieb. Diese beiden Männer wurden später die ersten Meister für den Dieselmotorbau bei der Maschinenfabrik Augsburg und haben bei der Einführung der Fabrikation der Fabrik sehr große Dienste geleistet, da sie infolge ihrer jahrelangen Erfahrungen mit allen Eigentümlichkeiten und Schwierigkeiten des Prozesses und den Betriebs- und Fabrikationserfordernissen vertraut geworden waren.

Es wurden zunächst alle wichtigen Teile der Maschine unter hohem Wasser-
druck erprobt (der Zylinder auf 200 Atm., der Deckel auf 110 Atm., der Vergaser
auf 160 Atm. usw.), ein Verfahren, welches später ein wesentlicher Bestandteil
der laufenden Fabrikation geblieben ist.

Hierauf wurde die Maschine von Transmission einlaufen gelassen, wie es
ebenfalls heute noch geschieht. Die Ventilfedern wurden durch Wägen auf ihre
Spannung geprüft, die Steuerungen und ihre Einstellung genau notiert. Da jede

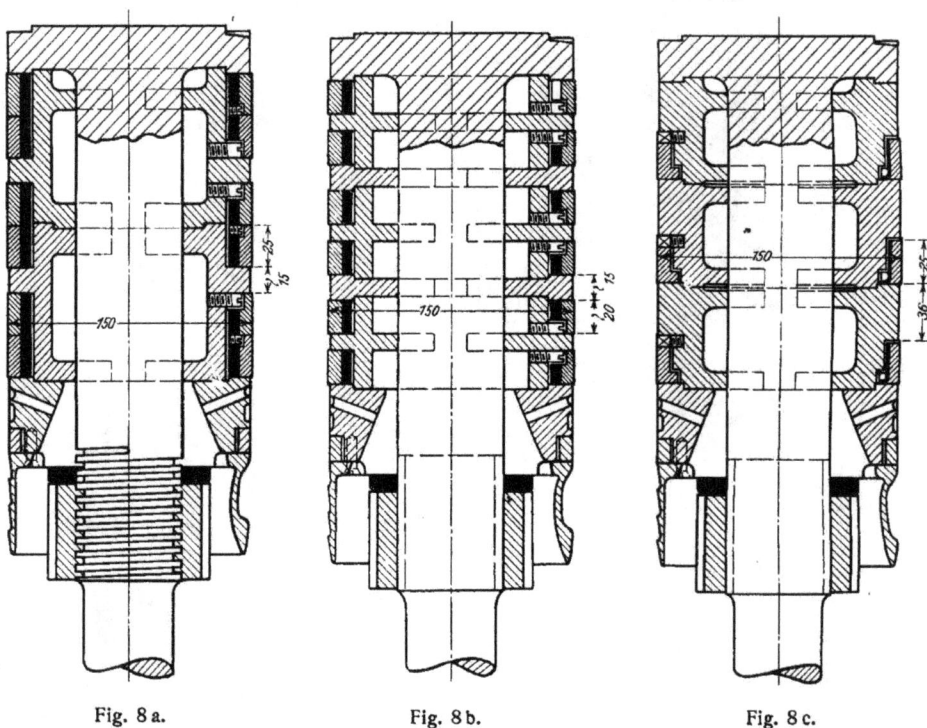

Fig. 8 a.   Fig. 8 b.   Fig. 8 c.

Änderung an der Steuerung, namentlich der Brennstoffnadel, charakteristische
Veränderungen in der Diagrammform ergab, so waren die fortwährenden Auf-
schreibungen der Steuerungseinstellungen für die Kritik der Versuchsergebnisse
von besonderer Bedeutung, weshalb diesem Teile der Beobachtungen immer die
größte Sorgfalt gewidmet wurde.

Die Versuche bezogen sich zuerst auf die Untersuchung des Kolbens,
wobei die Maschine von Transmission betrieben wurde, unter Entnahme von
Kompressionsdiagrammen zur Ermittlung der Kolbenverluste.

Da der Kolben der ersten Versuchsreihe mit bloß eingesprengten Ringen noch sehr undicht war, so wurde jetzt eine Kolbenkonstruktion mit Spannringen (Fig. 5) versucht, die Spannung der Ringe war aber so stark daß sie wie eine Bremse wirkten. Das war der Hauptgrund, der aber erst viel später erkannt wurde, warum auch dieser Motor noch keine Nutzarbeit leistete.

Es wurden im Betrieb von Transmission auch Versuche über die Kolbenreibung und die Erwärmung der Zylinderwand durch dieselbe angestellt; beide waren viel zu groß, „der Kolben klemmt". Es folgen Studien über das zu gebende Spiel zwischen Kolben und Zylinder, über die Weite der Spalte in den Ringen, um deren Stauung bei Erwärmung zu vermeiden.

Hierauf Versuche mit nur zwei statt drei Ringpaaren mit Spannfedern, dann mit drei Ringpaaren o h n e Spannfedern, wobei letztere durch massive Einsätze ersetzt sind (Fig. 5, Nebenfigur). Jetzt wird die Kompression höher, über 34 statt 31 Atm., Beweis, daß die Hohlräume hinter den Spannfedern schädlich sind, und daß die Spannfedern selbst nichts nützen. Es werden so die verschiedensten Kolbenkonstruktionen (Fig. 8 a—c) durchprobiert, wobei sich zeigt, daß die vielteiligen Distanzringe nie vollkommen dicht sind. Es wurden dann auch in dem hohen Kolbenaufsatz (Fig. 5) noch kleine Kolbenringe eingesprengt, um auch die verlorenen Lufträume um diesen Aufsatz herum zu beseitigen; der überraschende Erfolg war Erhöhung der Kompression auf 44 Atm., e i n   w e i t e r e r   S c h r i t t   v o r w ä r t s   i n   d e r   B e s e i t i g u n g   v e r - l o r e n e r   u n d   u n w i r k s a m e r   L u f t r ä u m e.

Nach diesen Erfahrungen erfolgt ein gänzlicher Umbau des Kolbens nach Fig. 9, bei welchem der hohe Kolbenaufsatz fortfällt und die Undichtheiten dadurch beseitigt sind, daß die Distanzringe auf dem konischen Kolbenkörper aufgeschliffen sind.

Die Dichtungen der Hochdruckleitungen für Luft und Petroleum machen auch jetzt noch sehr große Schwierigkeiten, es wurden alle Dichtungsmaterialien untersucht, deren ich habhaft werden konnte bei den Temperatur- und Druckverhältnissen der Maschine, mit Luft, Benzin, Petroleum und Öl. Es wurde dann für die Stopfbüchsen der Nadel und der Petroleumpumpe sog. Dermatine beibehalten.

Als Dichtungen für Luft und Petroleumleitungen wurden endgültig nur eingeschliffene Metallkonusse zugelassen (siehe Fig. 6 und 7), die auch heute noch bei allen Dieselmotoren allein angewendet werden.

An dieser Maschine wurde, wie übrigens auch schon an der ersten, der Zylinder abgenommen und durch feste Säulen ersetzt, um Zerstäubungsversuche an freier Luft bei normalem Gang der Steuerung (von Transmission) durchzuführen.

Zunächst Einspritzung direkt durch die Brennstoffpumpe, Fig. 7, wobei in der Düse lediglich ein automatisches Rückschlagventil sich befindet, über dessen Fläche eine kegelförmige Ausbreitung und Zerstäubung des Brennstoffs stattfinden soll (siehe Fig. 6 kleine Nebenfigur). Die Wirkung ist ganz unzuverlässig. Beobachtung des Zerstäubungsgrades bei verschiedenen Drucken: bei hohem Druck gut, bei niedrigem Druck geschlossener Strahl ohne jede Zerstäubung.

Weitere Versuche der Einspritzung direkt mit der Pumpe Fig. 7 unter g l e i c h - z e i t i g e r Öffnung eines g e s t e u e r t e n Düsenventils nach Fig. 6, Hauptfigur, wobei Pumpenkolben und Düsennadel durch Gestänge verbunden sind und gleichzeitig durch den gleichen Steuernocken gesteuert werden (siehe Fig. 7); Variation der Einspritzzeit durch Einsetzen verschiedener Steuernocken.

Hier tritt (30. Januar 1894) zum e r s t e n M a l e d i e g e s t e u e r t e D ü s e n n a d e l i n i h r e r h e u t i g e n F o r m a u f. Journal: „Einspritzung sehr präzise."

Die Regelung der Brennstoffmenge geschah durch Variation des Kolbenhubes unter Einsetzen verschiedener Steuernocken in die Steuerscheibe, w o b e i d i e v o n d e r P u m p e z u v i e l e i n g e s a u g t e Petro - l e u m m e n g e d u r c h d a s v o m K o l b e n

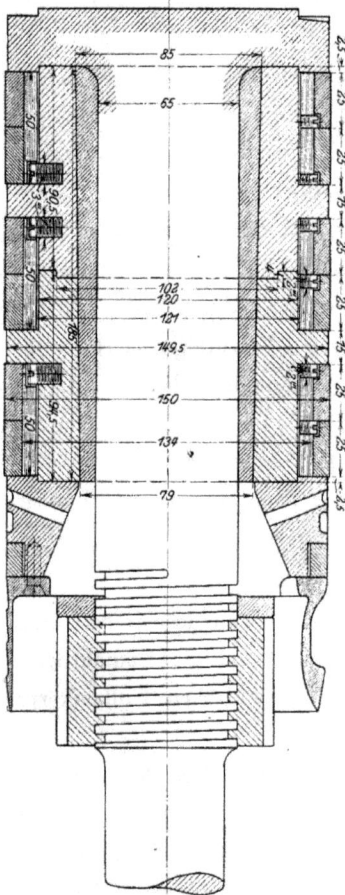

Fig. 9.

o f f e n g e h a l t e n e S a u g v e n t i l i n d i e S a u g l e i t u n g z u r ü c k f l o ß. Tagebuchnotiz: „Die Konstruktion einer Pumpe für so geringe Fördermengen in solch kurzen Zeiten bei sehr hohen Drucken bietet fast unüberwindliche Schwierigkeiten, es scheint unmöglich, für diese geringen Quantitäten eine richtig saugende und drückende Pumpe herzustellen."

Infolgedessen wurde zunächst die Pumpe beseitigt und versucht, die Einspritzung direkt aus der Petroleumleitung, die unter konstantem Druck gehalten wurde, durch Steuerung der Nadel zu bewirken. Messung der eingespritzten Menge bei normalem Betrieb der Steuerung und verschiedenen Steuerungsarten der Nadel, Tagebuch: „Das direkte Einspritzen hat den Fehler — der es eigentlich undurchführbar macht — daß die eingespritzte Menge von der Zeitdauer der Düsenöffnung abhängt, so daß dieselbe Einstellung der Steuerung bei langsamem Gang mehr einspritzt als bei schnellem."

Es folgen Versuche mit kalibrierten Durchflußöffnungen an der Düsenmündung, also mit der ersten D ü s e n p l a t t e , im Journal „Hut" genannt, die bis heute einer der wichtigsten Bestandteile jeder Einspritzdüse geblieben ist. Vor der Düsenmündung Einsatz von Prallplättchen zur besseren Zerstäubung (Fig. 6, Nebenfigur).

Nach diesen Vorversuchen an offener Luft folgen Versuche im Betriebe mit direkter Einspritzung aus der Petroleumdruckleitung (ohne Petroleumpumpe). Journal: „Zündung geht vorzüglich, Auspuff kommt noch brennend aus dem Zylinder, das Düsenventil ist sehr unzuverlässig, Einspritzung unkontrollierbar, das System muß verlassen werden."

M i t d i e s e m S a t z e t r i t t e i n e e n t s c h e i d e n d e W e n d u n g e i n; e s t a u c h t d i e I d e e d e r E i n b l a s u n g d e s B r e n n s t o f f e s d u r c h L u f t a u f, die übrigens schon im November 1893 zum Patent angemeldet worden war (Nr. 82 168).

Im Februar 1894 wurden die ersten Einrichtungen hierfür gemacht. Die Düse ist dabei mit einem Tropfventil versehen (Fig. 6, rechts), so daß der Petroleumdruck der Leitung nur bis zum Tropfventil reicht, während das Innere der Düse nur unter dem Druck der Einblaseluft steht. Hier werden z u m e r s t e n m a l d e r D ü s e k l e i n e M e n g e n P e t r o l e u m h u b w e i s e z u g e m e s s e n. Eingehende Versuche über die Lochweite dieses Tropfventils und dessen Regulierfähigkeit. Die Einblaseluft wird der Düse von links her (nach Entfernung des ovalen Windkessels) zugeführt.

Im oberen Teil der Düse ist dabei als Z e r s t ä u b e r eine Messingspule eingesetzt, deren Ränder und Wandungen mit einer großen Zahl feiner Löcher durchbohrt sind, um den Brennstoff auf m e c h a n i s c h e m W e g e möglichst zu zerstäuben (s. Fig. 6). E r s t e s A u f t r e t e n d e s s o g. m e c h a n i s c h e n Z e r s t ä u b e r s i n d e r D ü s e.

Journal: „Die Zerstäubung an offener Luft ist vorzüglich, der aus der Düse austretende Strom ist wie eine Dampfwolke." Feststellung, daß die Höhe des Luftdruckes den Grad der Zerstäubung bedingt. „Der Luftkonsum scheint gering, die Düsennadel ist vollkommen luftdicht."

Die Erprobung dieser Einblasung in der Maschine (Diagr. Nr. 5) ergibt stets starke Explosion im Totpunkt und Abblasen des Sicherheitsventils bei 48 Atm. Fig. 6 zeigt, daß die Einblasung durch die Düsenmündung d i r e k t in den Zylinder erfolgt, also so wie heute in allen Dieselmotoren. Höchst ungeregelte Verbrennung, keine Breitenentwicklung der Diagramme.

D u r c h a n d e r e E i n s t e l l u n g d e r N a d e l s t e u e r u n g w i r d d i e V e r b r e n n u n g r u h i g e r (Diagr. 6) u n d a m 17. F e b r u a r 1894 w i r d e n d l i c h d e r e r s t e L e e r l a u f d e s M o t o r s e r z i e l t, aber nur eine Minute lang bei ca. 88 Touren (Diagr. 7—9).

Da bei den Versuchen der Motor stets von Transmission angetrieben wurde, so bemerkte ich selbst diesen Leerlauf nicht; aber Monteur Linder, der auf der hölzernen Galerie das Petroleumtropfventil bediente, bemerkte plötzlich, daß der Riemen ruckweise vom Motor angezogen wurde, statt den Motor anzutreiben, und daran erkannte er die erste selbständige Kraftäußerung der Maschine. In diesem Moment zog er schweigend die Mütze, und erst dadurch wurde ich auf die Wichtigkeit des Augenblicks aufmerksam. In stummer Freude drückte ich ihm die Hand. Wir waren dabei ganz allein.

Damals glaubte ich am Ziele zu sein und ahnte nicht, daß mich noch jahre- lange schwere Arbeit davon trennte.

Weitere Versuche mit zahlreichen Abänderungen der Steuerung und des Zerstäubers zeigen, daß die explosionsartigen Verbrennungen, welche nach der ersten Zündung weitere Brennstoffnachströmung verhindern bzw. den Brenn- stoff zurücktreiben, nicht zu beseitigen sind. Journal: „Wir haben die Regu- lierung durchaus nicht in der Hand, die Explosion dringt in das Düseninnere." Schlußfolgerung: Brennstoffeinfuhr unter geringerem Überdruck, aber mit längerer Admissionsperiode.

Es wird versucht, die Rückwirkung der Explosion durch ein Rückschlag ventil in der Petroleumleitung zu verhindern, das Tropfventil für den Brennstoff wird umgebaut, um feiner regulieren zu können. Alles nützt nichts. Zum Vergleich wird wieder direkte Einspritzung ohne Lufteinblasung versucht. Auch hier sind die Explosionen so heftig, daß Diagramme nicht genommen werden können. Mit der Journaleintragung: „Es scheint sonach direktes Einspritzen unmöglich" werden diese gefährlichen Versuche d e f i n i t i v ad acta gelegt.

Selbst wenn die Verbrennung damit richtig erreicht worden wäre, hätte man diese Methode doch verlassen müssen, da es unzulässig ist, die ganze Druckleitung für flüssigen Brennstoff in ständiger Verbindung mit der Maschine zu lassen. Es mußte ein System gefunden werden, bei welchem stets nur die pro Hub erforderliche Brennstoffmenge in die Düse gelangen konnte.

Rückkehr zur Einblasung, Versuch, die Verbrennung durch die bereits erwähnten Düsenmundstücke mit engen Öffnungen zu beruhigen; zunächst Körtingdüse von ½ mm Lochweite ist zu eng, die Diagramme werden in der Tat ruhiger, aber entwickeln sich nicht. (Diagr. 10.)

Es werden daher die Bedingungen des ersten Leerlaufes genau wiederhergestellt, d. h. mit ganz offenem Düsenloch gearbeitet und dieses Mal 36 Minuten lang regelrechter Leerlauf erzielt (Diagr. 11), und zwar unter Regulierung der Brennstoffmenge am Tropfventil, welches deutlich „das damit verbundene V e r - g r ö ß e r n u n d V e r k l e i n e r n d e s D i a g r a m m s" zeigt; das waren d i e e r s t e n R e g u l i e r d i a g r a m m e.

Die sämtlichen Diagramme dieser Zeit zeigen ungemein unruhige Verbrennung, meist Spätzündungen, gefolgt von Explosionen (Diagr. 7 und 9). Oft viele Explosionen hintereinander in einem einzigen Diagramm.

A u s n a h m s w e i s e treten auch einmal ruhigere Diagramme auf. (Diagr.8.) Letzteres würde bei 300 Touren schon 13,2 PSi entsprechen, also „schon nahe an der zu erreichenden Leistung" sein. Würde die Verbrennung eher beginnen, bei 30 Atm., so hätten wir schon nahezu Volleistung.

Es folgt nun eine Untersuchung aller erzielten Diagramme und ein genauer Vergleich mit der jeweiligen Einstellung der Steuerung; alle Einblasungen waren mit Nacheilung erfolgt, aus welchem Umstande die Nachexplosionen erklärbar sind. Journal: „Keine Nacheilung und weniger Überdruck."

Die Verminderung der Nacheilung gibt dem Diagramm eine grundsätzlich andere Gestalt, nämlich Vorexplosion, wobei aber der Motor langsam läuft wegen der Gegenarbeit der Explosion. Auch hier und da ruhige Diagramme (Nr. 11), bei welchen die Tourenzahl sofort wieder steigt.

Nach tagelangen, derartigen tastenden Versuchen mit den verschiedensten Einstellungen der Steuerung wird nichts Neues mehr erzielt, als immer wieder mehr oder weniger regelmäßiger Leerlauf. Sobald mehr Brennstoff verwendet wird, wird der Auspuff rußig und die Maschine läuft langsamer statt schneller.

Journaleintragung: „Die Diagramme 125—127 (Nr. 8—11) sind bis jetzt die besten, an diese sind die weiteren Versuche anzuknüpfen."

Die Berechnung der Diagramme ergibt für den L e e r l a u f einen mittleren indizierten Druck von 4,39 kg/qcm., was auf s e h r g r o ß e R e i b u n g s v e r - l u s t e schließen läßt.

Daß zur Erreichung der bisherigen Ergebnisse bei der Einblasung der Lindesche Kompressor, also eine besondere Luftpumpe, nötig war, war mir ein großer Gram, denn ich erachtete dies als eine solche Komplikation der Maschine, daß deren praktische Einführung daran scheitern könnte. Deshalb probierte ich jetzt die S e l b s t e i n b l a s u n g, bei welcher die verdichtete Luft des Verbrennungszylinders während der Kompression durch ein kleines Rückschlagventil im Zylinderdeckel in einen neben der Düse angebrachten Windkessel übertrat und von da als Einblaseluft in die Düse zurückgelangte (Fig. 6); letztere wurde dabei, wie früher beschrieben, durch ein regulierbares Tropfventil hubweise mit kleinen Petroleummengen gespeist. Diese Selbsteinblasevorrichtung wurde später auch als Füllvorrichtung für die Anlaßflasche verwendet, sie war ebenfalls im D. R. P. Nr. 82168 vom November 1893 mit angemeldet worden. (7)

Es folgt das Studium des Einflusses dieser Einrichtung auf die Diagrammform, die Kompression wird 2—3 Atm. tiefer als früher, und es entsteht ein merkbares Verlustdiagramm. Der Verbrennungsbetrieb mit Selbsteinblasung gibt einen Druckverlust der Verbrennungsperiode von 10—12 Atm., ehe die Rückströmung in den Zylinder und damit die Verbrennung beginnt (Diagr. 12). Letztere findet bei einem Druck von etwa 15 Atm. statt und es wird ebenso guter Leerlauf erzielt, wie früher mit der Luftpumpe, mit ebenso schönem bläulichen Auspuff. Sobald aber mehr Brennstoff gegeben wird, sinkt die Linie des Verbrennungsdruckes, der Auspuff wird rußig, die Maschine läuft langsamer, es entstehen heftige Explosionen im Einblasewindkessel, die zum Abstellen zwingen. Die Untersuchung zeigt, daß dabei der Brennstoff durch Berührung mit der heißen Luft schon im Düsenraum und im Windkessel vor der Einblasung explodiert. Journaleintragung: „Die Selbsteinblasung wenigstens in d i e s e r F o r m ist daher unstatthaft, die heiße Luft muß erst in einer Schlange gekühlt werden, ehe sie in der Düse mit dem Brennstoff in Berührung kommt." E r s t e E r w ä h - n u n g d e r N o t w e n d i g k e i t g e k ü h l t e r E i n b l a s e l u f t.

Wiederholung der vergleichenden Versuche zwischen Selbsteinblasung und Einblasung mit Kompressor. Bei letzterer werden die Vorexplosionen im Zylinder „kolossal", wie es im Journal heißt, so sehr, daß die Flamme ins Innere der Düse dringt und dort den Zerstäuber schmilzt. Es gelingt mit keiner Methode, eine Ausbreitung der Diagrammspitze zu erzielen und über Leerlauf hinauszukommen.

Nach nochmaligem Vergleich aller bisherigen Methoden werden folgende Sätze im Journal eingetragen: „Einspritzen mit Pumpe unmöglich, fast unüberwindliche Schwierigkeiten." „Direktes Einspritzen erzeugt heftige Explosion, dadurch Verhinderung weiterer Brennstoffeinfuhr, außerdem sehr gefährlich."

„Das Einblasen sowohl mit selbsterzeugter, als von Luftpumpe erzeugter Druckluft ist eine brauchbare Methode; es müssen aber noch Mittel gefunden werden, die Brennstoffmenge in den einblasenden Luftstrom gleichmäßig zu verteilen; die probierten Einrichtungen geben stets zuviel am Anfang und zu wenig nach der ersten Explosion." „Die komprimierte heiße Einblaseluft muß erst in einer Schlange gekühlt werden, ehe sie in der Düse mit dem Brennstoff in Berührung kommt."

Ferner: „Sämtliche Methoden, den Brennstoff in flüssiger Form einzuführen, haben den gemeinsamen Nachteil, zuviel Zeit zur Vergasung des Brennstoffes zu erfordern, so daß die hohe Spitze des Diagramms verloren geht und die Zündung erst nach erfolgter Vergasung viel zu spät und bei viel zu geringen Drucken erfolgt; das Resultat ist eine viel zu tief verlaufende Verbrennung und ungenügende Entwicklung des Diagramms; sämtliche Methoden ergeben bei mehr Brennstoff rußige Verbrennung" und als Schlußfolgerung: „Sämtliche Nachteile werden wahrscheinlich vermieden, wenn man den Brennstoff dampfförmig einführt."

Unter der Herrschaft dieses verhängnisvollen Schlußsatzes stand dann die später folgende dritte Versuchsreihe, welche während voller 10 Monate keinen Fortschritt mehr ergab, weil sie von falschen Voraussetzungen ausging, und weil die richtige Grundidee des Verfahrens, die allmähliche direkte Einführung des fein verteilten Brennstoffes in die verdichtete Luft, aufgegeben wurde.

In Wahrheit war nur die unrichtige Form, Lage und Größe des Verbrennungsraumes an den geschilderten Erscheinungen schuld; die Erkenntnis dieses Umstandes drang aber damals noch nicht machtvoll genug durch die Fülle aller anderen störenden Einflüsse hindurch, trotzdem, wie mehrfach ausgeführt, auch dieser Punkt fortwährend eingehend untersucht und der Kritik unterworfen wurde, wie beispielsweise auch folgende Journaleintragungen beweisen: „Der Kolben hat viele verlorene Räume, in denen Luft zurückbleibt." „Es müssen im Kolben alle Arten von verlorenen Räumen, hinter welchen komprimierte Luft untätig verbleiben kann, vermieden werden," usw.

Am 9. März 1894 Vorführung der Selbsteinblasung und der Einblasung mit Kompressor vor Herrn Gillhausen von der Firma Krupp.

Hierauf Unterbrechung der Versuche „zur Herstellung eines brauchbaren Vergasers mit Einführung dampfförmigen Brennstoffes".

Diese zweite Versuchsperiode hatte 52 Tage gedauert und folgende Resultate ergeben:

Weitere Fortschritte in der Beseitigung verlorener und unwirksamer Lufträume.

Weitere Beweise für die Durchführbarkeit des Verfahrens.

Erzielung von hoch über der Isotherme verlaufenden Verbrennungskurven
und Erweiterung der Diagrammfläche bis zu Leerlauf der Maschine.

Erste Regulierdiagramme.

Typische Form der gesteuerten Brennstoffnadel direkt am Verbrennungsraum.

Erste Versuche mit kalibrierten Düsenmundstücken (Düsenplatten) und
mit diesen Erzielung der ersten Breitenentwicklung des Diagrammes.

Erster Einbau des mechanischen Zerstäubers in der Düse.

Zumessung kleiner abgemessener Brennstoffmengen in das Innere des
Düsengehäuses.

Zahlreiche Kolbenstudien, Studien über Spiel des Kolbens, Spannung
der Federn, Zahl der Ringe, Größe der Ringspalte.

Das direkte Einspritzen des Brennstoffs sowohl mit Pumpe als aus der
Druckleitung wird probiert und endgültig aufgegeben.

Erprobung und Aufgabe der Brennstoffregulierung durch variablen Kolbenhub der Brennstoffpumpe.

Das Einblasen des Brennstoffs mit hochgespannter Luft wird als brauchbare Methode erkannt.

Erprobung der Einblasung mit Kompressor,

Erprobung der Selbsteinblasung,
      beide Methoden führen zu gutem Leerlauf.

Erkennung der Notwendigkeit der Kühlung der Einblaseluft.

Studien über den Einfluß der Vor- und Nacheilung der Einblasung auf die
Verbrennungskurve.

Weitere Studien über Dichtungen.

Typische Feststellung der Metallkonusdichtungen für alle Hochdruckleitungen.

Die Durchführbarkeit des Verfahrens wurde dieses Mal bis zum Leerlauf
des Motors erwiesen, aber auch diese Maschine war noch nicht betriebsfähig, da
sie den Leerlauf immer nur auf kurze Zeit aushielt und zu einer Nutzleistung überhaupt nicht gelangte, obgleich e i n z e l n e Diagramme bereits richtige Entwicklung und großen Arbeitsüberschuß aufwiesen; es konnten aber die Bedingungen zu ihrer regelmäßigen Wiederholung noch nicht erforscht werden.

3. Versuchsreihe.

Diese schwierigste aller Versuchsreihen könnte als diejenige der Vergasungs-versuche bezeichnet werden.

Schon während der zweiten Versuchsreihe war ein sog. äußerer Vergaser konstruiert, d. h. ein für sehr hohe Drucke gebauter und mit der Düse ver-bundener kleiner Kessel, in welchem Petroleum durch äußere Gasheizung verdampft werden sollte, so daß beim Öffnen der Nadel nur Petroleumdampf in den Zylinder strömte. Es gelang aber nicht, mit diesem Apparat Brennstoffdämpfe von genügendem Druck herzustellen, da die Wärmeverluste des Apparates zu groß waren.

Jetzt brachte ich im Innern des Verbrennungsraumes nach Fig. 10 einen sog. inneren Vergaser an, eine Stahlrohrspirale, durch die der flüssige Brennstoff

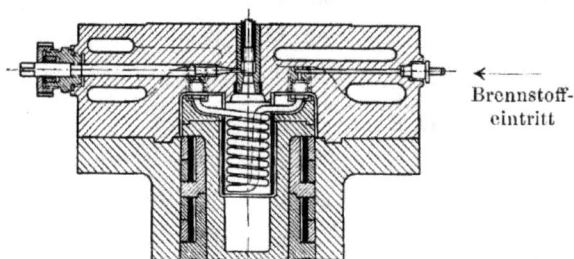

Brennstoff-
eintritt

Fig. 10.

erst hindurch mußte, ehe er zum Düsenraum gelangte. Die Regelung fand von Hand statt, durch das kleine Spitzventil an der Mündung der Spirale in den Düsen-raum.

Durch die Verbrennungswärme sollte der Brennstoff hoch genug über-hitzt werden, um beim Öffnen des Düsenventils infolge Druckentlastung gasförmig in den Kompressionsraum einzudringen. In der Düse selbst war ein Kolben mit durch die Steuerung veränderlichem Hub angebracht, welcher bei seinem Nieder-gang das mit ihm festverbundene Düsenventil nach i n n e n öffnete s. auch Fig. 11; diese Anordnung hatte den Zweck, die Einspritzung der Brennstoffmenge mit dem Kolbenwege in den theoretisch erforderlichen Zusammenhang zu bringen; sie arbeitete, wie die späteren Eichungsversuche erwiesen, außerordentlich präzise und gestattete die feinste Regelung sowohl der Brennstoffmenge als der Admissions-periode. Für diese Vorrichtung mußte ein neuer Deckel konstruiert werden, der zum erstenmal aus Gußeisen hergestellt wurde (Fig. 10) und Wasserkühlung besaß.

Die Vorbereitungen zu der neuen Versuchsreihe und die Kontrolle der neuen Einrichtungen dauerte vom 31. Mai bis 28. Juni 1894.

Die Kolbenschmierung durch Schleppring (Fig. 8 a bis c) wurde bei offenem Zylinderdeckel bei verschiedenem Ölstand im Ölgefäß im Betriebe beobachtet; bei zu reichlicher Schmierung drang massenhaft Öl in den Verbrennungsraum und die Schmierung konnte mit dem Ölstand im Gefäß sehr gut reguliert werden.

Die Kolbenreibung wurde dadurch festgestellt, daß man die Maschine von Transmission in normale Tourenzahl versetzte und dann plötzlich den Riemen ausrückte und die Auslauftourenzahl zählte. Es ergab sich dabei, daß die Kolbenreibung 11 mal so groß war als die Reibung der Schwungradwelle und 4,1 mal so groß als die Reibung der gesamten Steuerung, welche selbst 2,66 mal so groß war als die Reibung der Schwungradwelle. Das waren ganz abnorme Verhältnisse.

Die Versuche mit dem inneren Vergaser begannen mit Lampenpetroleum (die früheren Versuche waren mit Benzin vorgenommen worden) und ergaben nur hier und da eine heftige Explosion ohne sichtbare Entwicklung einer Verbrennungskurve, im allgemeinen aber nur Auspuff von mächtigen weißen Wolken von unverbrannten Petroleumdämpfen, s. Diagramme 13—14 (Diagrammtafel II).

Kontrollversuche mit Benzin ergaben genau gleiche Erscheinungen, nur von Zeit zu Zeit heftige Explosion, im allgemeinen keine Zündung.

Die gleiche Erscheinung blieb auch bei Erhöhung der Kompression auf 38 Atm. sowohl mit Petroleum als Benzin bestehen.

Die Erklärung dieser Vorgänge ist heute sehr leicht. Durch die Spirale war der, wie Fig. 10 und die frühere Fig. 5 zeigen, ohnehin noch sehr zerklüftete Verbrennungsraum noch weiter unterteilt worden; der Hohlraum im Kolben war in drei Teile geteilt: den inneren und äußeren Spiralraum und den Raum außerhalb des die Spirale umgebenden Mantels. Die wenige Luft im inneren Spiralraum wurde durch die kühlende Wirkung des Brennstoffstrahls in ihrer Temperatur so stark herabgedrückt, daß der Brennstoff wohl noch zum Teil verdampfte, aber nicht mehr vergaste und nicht zündete. Außerdem war die Beimischung von Luft durch Einblasung wieder verlassen und durch die mechanische Einspritzung des Düsenkolbens ersetzt; endlich wurde die verdichtete Luft durch den in der Vergaserspirale sich bewegenden kalten Brennstoffstrom noch künstlich gekühlt.

Damals wurde aber das alles noch nicht erkannt, und deshalb trat die Frage der künstlichen Zündung, wenigstens zum Anlassen der Maschine, auf, also so lange, bis durch die Verbrennung der innere Vergaser derartig geheizt wurde, daß er seinem Zwecke entsprechen konnte.

So hatte ein Trugschluß eine Reihe weiterer Trugschlüsse im Gefolge, und die Versuche bewegten sich in einem circulus vitiosus.

Unterbrechung vom 4. Juli bis 20. September zur Anbringung eines Zünd-apparates im Kompressionsraume.

Dieser bestand nach Fig. 11 aus einem Asbestdochtapparat, der für die erste Zündung von außen mittels Tropfventil mit Petroleum angefeuchtet und mit Magnetapparat gezündet werden sollte.

22. September 1894. Reise zu Robert Bosch nach Stuttgart zur Information über einen geeigneten Zündapparat. Einstweilen werden aber die Versuche mit einem Zündapparat von Zettler, München, begonnen.

Trotz Funkenapparat und Petroleumdocht entwickeln sich beim Betriebe mit Petroleum und Benzin nur mächtige Dampfwolken ohne Zündung, ohne Dia-grammbildung.

Bei dem Zettlerapparat ist der Kon-takt außen und im Zylinder springen bloß Funken zwischen festen Spitzen über, die in kürzester Zeit verrußen, wodurch die Isolierung aufhört. Bei dem Bosch-Apparat, welcher damals in der Ent-wicklung begriffen war, ist der Kontakt innerhalb des Zylinders; die Anbringung dieses Kontakts in den engen Ver-brennungsraum und die Abdichtung der bewegten Teile gegen die hohe Kompression macht außerordentliche Schwierigkeiten und zerklüftet den Verbrennungsraum immer mehr. Nach Eintreffen des Bosch

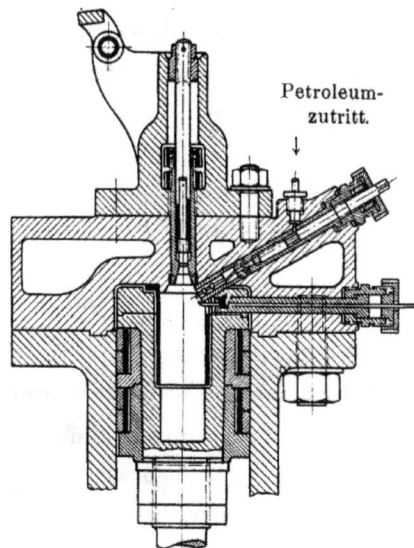

Petroleum-zutritt.
↓

Fig. 11.

Apparates wird derselbe unter persönlicher Assistenz des Herrn Robert Bosch angebracht. Der elektrische Funke soll vor dem Anlassen den Asbestdocht zünden; der ständig brennende Docht soll dann den eintretenden Petroleumstrahl zünden und soll selbst durch das einspritzende Petroleum mit Brennstoff gespeist werden. Alles das funktioniert nicht. Es hat keinen Wert, hier die Gründe näher auseinander-zusetzen, es entstehen immer nur mächtige Dampfwolken und kein Diagramm. Der Zündfunke und der Docht haben überhaupt keine Wirkung, weder mit Benzin noch mit Petroleum. Das Gleiche tritt ein, wenn der Bosch-Apparat zur Ver-stärkung des Funkens mit Induktionsspule verbunden wird, um kontinuierliche Funken zu geben.

Mit diesen entsetzlichen Versuchen waren sechs Monate vollkommen resultatlos verlaufen.

Mitteilung dieser Ergebnisse an Krupp durch Brief vom 4. Oktober 1894, worin von neuem der Schluß gezogen wird, daß man definitiv zur Vergasung des Brennstoffes a u ß e r h a l b des Zylinders übergehen muß. Es folgt der Antrag, einen neuen Motor für g a s f ö r m i g e Brennstoffe zu bauen, da bei diesen die Schwierigkeiten der Vergasung vor der Zündung nicht bestehen, und um aus diesen Versuchen dann Rückschlüsse auf die flüssigen Brennstoffe zu ziehen.

Diese dritte Versuchsperiode war die schwierigste und sorgenvollste der ganzen Entstehungszeit, da sie keinen Fortschritt, sondern einen vollständigen Verlust des bisher Erreichten brachte, weil infolge eines hartnäckigen Trugschlusses eine falsche Richtung eingeschlagen worden war.

Daß die maßgebenden Herren der beiden beteiligten Firmen, Herr Direktor H. Buz und die Herren Albert Schmitz, Klüpfel und Gillhausen sich damals nicht abschrecken ließen, sondern zäh durchhielten, war ein ebenso großes Verdienst um die Sache wie die ursprüngliche Anerkennung der erfinderischen Grundideen und wie die immer neue Bewilligung der beträchtlich anschwellenden Ausgaben.

4. Versuchsreihe.

Diese kann als die Periode der G a s v e r s u c h e bezeichnet werden.

Einrichtung der städtischen Gasleitung nebst Gasuhr im Versuchslokal.

Umbau des einstufigen Einblasekompressors in einen V e r b u n d k o m - p r e s s o r , da die frühere einstufige Kompression der Einblaseluft sich als zu unvollkommen erwiesen hatte.

In der Zwischenzeit richte ich einen sog. ä u ß e r e n V e r g a s e r für flüssige Brennstoffe ein; da er aus vorhandenen Teilen zusammengesetzt wurde, existiert davon keine Werkstattzeichnung, wohl aber eine Handskizze, von welcher Fig. 12 eine Wiedergabe ist.

Die vom Motorzylinder A nach dem Prinzip der Selbsteinblasung s. S. 24 entnommene Luft geht durch einen Kiestopf B, der als Sicherheitsvorrichtung dient, und von da mittels Tauchrohrs in den Brennstoff, der sich in der Bombe C befindet; diese ist von außen durch Gasbrenner D geheizt, die in der Bombe entwickelten Gase gehen durch eine Rohrleitung und ein Regulierventil E hindurch zum Düsenraum des Zylinders.

Mit diesem äußeren Vergaser wurden zunächst die bis dahin noch unbekannten Druckkurven für Benzin und Lampenpetroleum bestimmt (Fig. 13).

Beobachtung, daß Petroleum- und Benzindampf viel schwerer ist als Luft und stets zu Boden sinkt, er kann von einem Gefäß in das andere umgeleert werden. (11)

Dieser äußerst gefährliche Apparat ergab nun mit Benzin die e r s t e n p r i n z i p i e l l r i c h t i g e n D i a g r a m m e N r. 15, mit deutlich markierter Kompression, Admission, Expansion (11. Oktober 1894), und zwar sowohl mit als

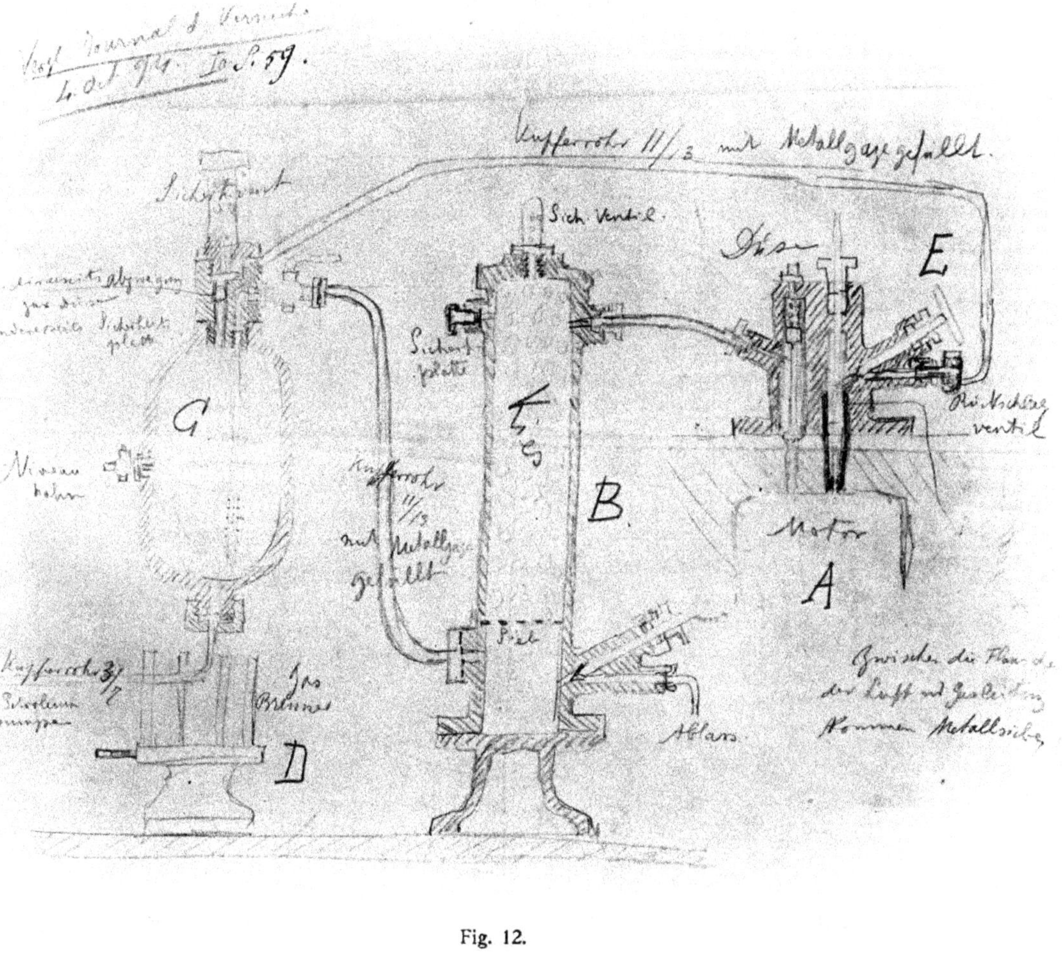

Fig. 12.

ohne elektrische Zündung. Journaleintragung: „Die elektrische Zündung sichert die richtige Verbrennung durchaus nicht, die Zündung durch Kompression allein genügt."

Ich hatte bisher mit Benzin nur zufallsweise ein einziges ähnliches Diagramm (Nr. 8) erzielt, aber nur vorübergehend, und war nicht imstande gewesen, es zu wiederholen.

Dieser Erfolg schien also meine Ansicht zu bestätigen, daß die Vergasung im Zylinder selbst das Hindernis zur Breitenentwicklung des Diagramms gewesen war, indem sie der verdichteten Luft zu viel Wärme entzog.

Da nun inzwischen prinzipiell richtige Diagramme mit flüssigen Brennstoffen vor Einleitung der Gasversuche erreicht waren, berief ich die beteiligten Firmen zu einer neuen Konferenz am 12. Oktober 1894.

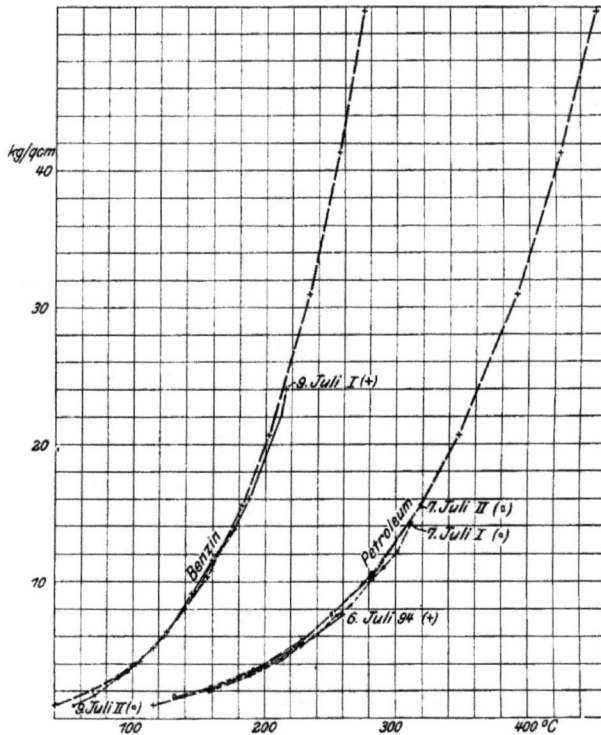

Fig. 13.

In Gegenwart der Herren Heinrich Buz und Vogel aus Augsburg, Albert Schmitz, Gillhausen, Ebbs und Hartenstein von der Firma Krupp werden diese Versuche wiederholt.

Es wird aber trotzdem beschlossen, zunächst die Versuche mit Leuchtgas durchzuführen und erst nach deren Abschluß die Arbeiten mit flüssigen Brennstoffen wieder aufzunehmen, da im äußeren Vergaser fortwährend Explosionen auftreten, die die Fortführung der Versuche nicht ratsam erscheinen lassen.

Die Vorarbeiten zu den Leuchtgasversuchen sind erst am 5. November 1894 beendet. Wiederaufnahme der Versuche.

Erste Anwendung der mit der Düse verbundenen E i n b l a s e f l a s c h e,
als welche zunächst ein starkes Petroleumgefäß verwendet wird, und des
Compound-Kompressors. Im übrigen ist die Maschine wieder dieselbe wie Fig. 5,
6, d. h. wie in den Versuchsperioden 2 und 3.

Da aber die Versuche mit flüssigen Brennstoffen schon erfolgversprechend
waren, so lasse ich die Maschine doch so einrichten, daß sie sowohl mit Gas als mit
flüssigen Brennstoffen betrieben werden kann. Aus Fig. 6 ist ersichtlich, daß das
Gas unter Druck von links her in die Düse mündet, durch die Bombe hindurch,
die in diesem Falle als Druckausgleicher dient. Der flüssige Brennstoff dagegen
kommt von rechts her direkt in die Düse aus einer Hochdruckleitung durch ein
Tropfenregulierventil; die Düse enthält in ihrem oberen Teil den schon früher
erwähnten Zerstäuber, bestehend aus einer Spule mit durchlochten Rändern,
zwischen welchen dieses Mal feines Drahtgewebe aufgewickelt ist.

Ein Vorversuch der Einblasung von Benzin ohne den Vergasungsapparat
ergab Diagramm Nr. 16, ähnlich wie Nr. 8 vom 22. Februar 1894. Damit war
das frühere Zufallsdiagramm Nr. 8, welches acht Monate lang verloren gewesen
war, auch o h n e V e r g a s u n g s a p p a r a t e n d l i c h r e p r o d u z i e r t und
dessen Entstehungsbedingungen durch Einblasung genau festgelegt.

7. November 1894. Direktes Einblasen von Gas mit 33—34 Atm. Druck.
Es entsteht Diagramm Nr. 17. Bei Gasbetrieb treten aber zahlreiche Versager
auf. Nun ist das Petroleumdiagramm Nr. 15—16 an der Spitze v i e l b e s s e r entwickelt als das Gasdiagramm Nr. 17. Jetzt endlich tritt die r i c h t i g e Erklärung
auf, daß nicht die Verlegung der Vergasung außerhalb des Kompressionsraumes der
maßgebende Faktor bei der Diagrammbildung ist, sondern die Mischung des Brennstoffes mit Luft während seiner Einströmung, also die E i n b l a s u n g m i t
L u f t. Durch diese Mischung brennt der einströmende Strahl nicht nur an seiner
Oberfläche, sondern in seiner g a n z e n M a s s e und entwickelt d a d u r c h
die notwendige Vergasungswärme, welche die verdichtete Luft allein nicht aufbringen
kann. Da der Kompressor für die Verdichtung des Leuchtgases gebraucht wird
und für gleichzeitige Lufteinblasung keine Pumpe vorhanden ist, so können leider
Versuche mit Einblasung von Gasluftgemischen nicht gemacht werden, welche
wahrscheinlich auch mit Gas sofort die richtige Diagrammform und Beseitigung
der Versager ergeben hätten.

Zur Beobachtung der Verbrennung von Gasströmen werden Zündversuche
mit Gas an offener Luft gemacht. Journal: ,,Ein schon brennender Gasstrom
erlischt, wenn er durch Druckerhöhung zu heftig wird. Sowohl ein schwacher

wie ein starker Gasstrom zündet n i c h t an rotglühendem Eisen, sondern kühlt das Eisen so stark, daß es schwarz wird."

Experimente der Zündung von Gasströmen an offner Luft mit elektrischen Funken in Gegenwart des Herrn Robert Bosch sind gänzlich erfolglos.

Diese interessanten Beobachtungen zeigen, daß reiner Gasstrom ohne Luftbeimischung ungemein schwierig zündet und brennt.

Um die zahlreichen Versager auf anderem Wege als mit künstlicher Zündung zu vermeiden, werden die e r s t e n V e r s u c h e m i t z w e i e r l e i Brennstoff gemacht (13. November 1894).   Journal: „Eintropfen winziger Benzinmengen in die Düse." Der vorgelagerte Benzintropfen wird von dem Gas vor sich her getrieben und zündet den nachfolgenden Gasstrom.   Journal: „Jede Fehlzündung hört auf." Dieses Einlagern eines leicht entzündlichen Tropfens Zündbrennstoffs an die Mündung der Düse vor dem Einblasen wurde bekanntlich in neuerer Zeit für Teerölmotoren neu patentiert.   (8)

Die Diagramme werden nun schön konstant und für deren Entwicklung sind nur die kalibrierten Düsenlöcher (Düsenplatten) maßgebend, mit welchen jetzt systematische Gasversuche gemacht werden.

Bei 1 mm Düsenloch kleines Diagramm,

bei 2 „   „   Leerlauf mit Gas usw.,

bei stärkeren Düsenlöchern Rußentwicklung, aber immer keine rechte Breitenentwicklung, letztere erfolgt immer erst später während der Expansion,   also offenbar nach besserer Beimischung von Luft, ein Zeichen, daß die Beimischung von Luft w ä h r e n d der Einblasung diesen Fehler beseitigen würde.

Vergleich dieser Resultate mit denen von Benzin und Petroleum. Feststellung, daß letztere Diagramme besser waren, w e i l L u f t m i t e i n g e b l a s e n w u r d e.   Entdeckung des G e s e t z e s v o n d e r S e l b s t i s o l i e r u n g d e r F l a m m e u n d v o n d e r N o t w e n d i g k e i t d e r E i n b l a s u n g m i t L u f t.

Statt aber nunmehr dieses Gesetz auf das Gas anzuwenden, werden wegen des vorhin erwähnten Mangels einer besonderen Luftpumpe nunmehr zahlreiche Versuche gemacht, den Gasstrom rein einzublasen, ihn aber i n n e r h a l b d e s K o m p r e s s i o n s r a u m e s besser mit der vorhandenen Luft zu mischen, und zwar durch ein Mischmundstück an der Düse, nach Fig. 14, ein mit zahlreichen kleinen Löchern versehenes dünnes Stahlrohr, das den ganzen Verbrennungsraum durchzieht.   Journal: „W i r e r r e i c h e n e n d l i c h p r i n z i p i e l l r i c h t i g e D i a g r a m m e m i t G a s." (Diagr. 18 und 19, 16. November 1894.) Der obere Teil des Diagramms ist breit, die kleine Nacheilung und unruhige

Verbrennung kommt noch von der Steuerung. Je zahlreicher die Löcher des Mischmundstückes, desto sicherer werden die Zündungen, so daß zeitweise auch Gasbetrieb ohne Zündbrennstoff möglich wird. Journal: „Das bisherige Hindernis zur Entwicklung der Diagrammspitze ist der Strahl selbst, der die Luft vor sich her treibt und die Flamme selbst isoliert, statt sich mit ihr zu mischen." „Zweites wichtiges Hindernis Mangel an Luft, da rechnungs-

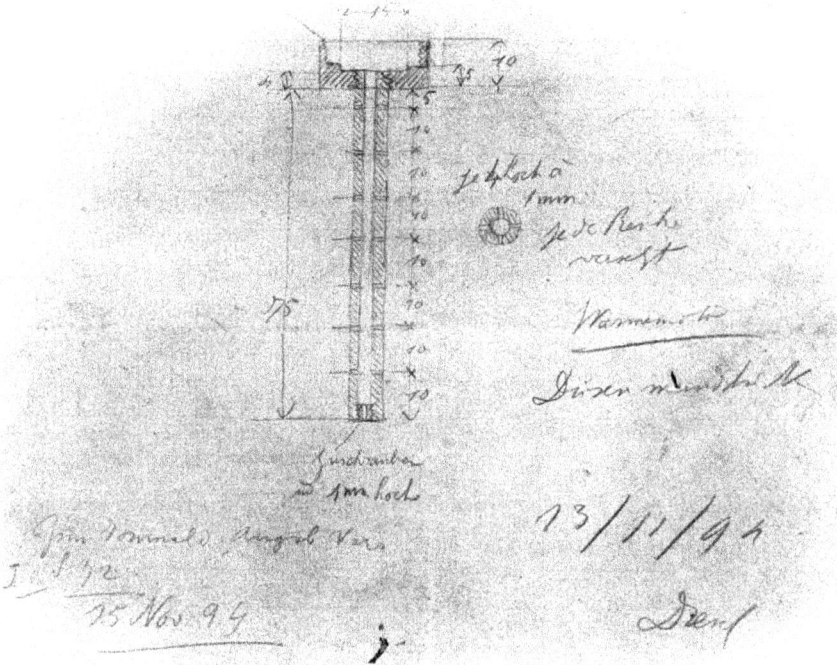

Fig. 14.

mäßig etwa die Hälfte der komprimierten Luft in den Aussparungen des Kolbenaufsatzes sich befindet und nur die andere Hälfte in der Verbrennungskammer."

Untersuchung der Maschine: „Deutliche Zeichen, daß in den verlorenen Räumen keine Verbrennung stattfindet; dieses Hindernis kann leider ohne Umkonstruktion der Maschine nicht beseitigt werden."

Die Gasversuche hatten also, trotzdem ihre Veranlassung auf einem Trugschlusse beruhte, die Beobachtungen geklärt. Sie führten zur endgültigen Festlegung zweier der wichtigsten Gesetze des Dieselmotorbaues, nämlich:

1. Das Gesetz der Selbstisolierung der Flamme und der Notwendigkeit der Einblasung des Brennstoffs mit Luft zur Sicherung der Vergasung;

2. das Gesetz von der Notwendigkeit der Heranziehung der gesamten Luft des Kompressionsraumes zur Verbrennung.

Ferner führten die Gasversuche zu dem Verfahren der Vorlagerung des Zündtropfens in die Düsenspitze, im Falle der Anwendung schwer entzündlicher Brennstoffe oder anderer Zündungserschwernisse, wie Luftmangel und dergl.

Dann wurden in dieser Periode die Verbundkompression der Einblaseluft und die Einblaseflasche eingeführt sowie wichtige Versuche mit Düsenmundstücken und insbesondere mit kalibrierten Düsenplatten angestellt. Endlich führten die Versuche zu prinzipiell richtigen Diagrammformen sowohl mit Gas als flüssigen Brennstoffen und zur Variation der Verbrennungskurve von Explosion durch konstanten Druck bis zu beliebig fallender Gestalt.

Unterbrechung der Versuche, um diese Gesetze und Erfahrungen nunmehr konstruktiv durchzuführen. Brief an Krupp vom 16. November 1894 mit Zusammenfassung dieser Versuchsreihe. Gleichzeitig Vorschlag, die Verbrennungskammer aus dem Kolben herauszulegen.

Diese Maschine war nun doch schon so weit brauchbar, daß sie nach Österreich (Berndorf) gesandt werden konnte, um dort am 17./18. Januar 1895 zum Patentnachweis zu dienen. Die dortigen Versuche fanden statt mit Selbsteinblasung von Benzin. Die für das Verfahren wesentlichen Teile des Motors waren in der Kruppschen Fabrik in Berndorf hergestellt worden, und zwar nach neuen Zeichnungen, die den letzten Erfahrungen in Augsburg entsprachen.

5. Versuchsreihe.

Völliger Umbau des Motors. Es wird immer noch das gleiche Grundgestell und Gestänge, also auch der gleiche Hub von 400 mm beibehalten, jedoch der Durchmesser des Kolbens auf 220 mm erhöht, wodurch der doppelte Querschnitt entsteht.

Der Umbau ist im wesentlichen durch den Hauptschnitt (Fig. 15) dargestellt.

Die Verbrennungskammer wird in den Deckel verlegt, wodurch die Verbrennungsluft in diesem Raume konzentriert wird. Leider mußten dadurch aus Platzmangel die beiden Ventile, die früher richtig getrennt waren, wieder vereinigt werden, aber Ein- und Auslaßleitung waren jetzt getrennt und wurden durch einen Rundschieber im Ventilgehäuse abwechselnd geöffnet und ge-

schlossen. Die frische Luft wird dabei durch das Federgehäuse des Ventils hindurch angesaugt. Der Zylinder erhält einen angegossenen Kühlmantel. Die Steuerwelle wird oben am Zylinder angebracht, um die langen Ventilgestänge zu
beseitigen. Zum erstenmal wird das Verhältnis des Hubes zum Durchmesser
k r i t i s c h betrachtet. Es war an der ersten Maschine 2,67, und nun wird

Sicherheits-
Platzventil

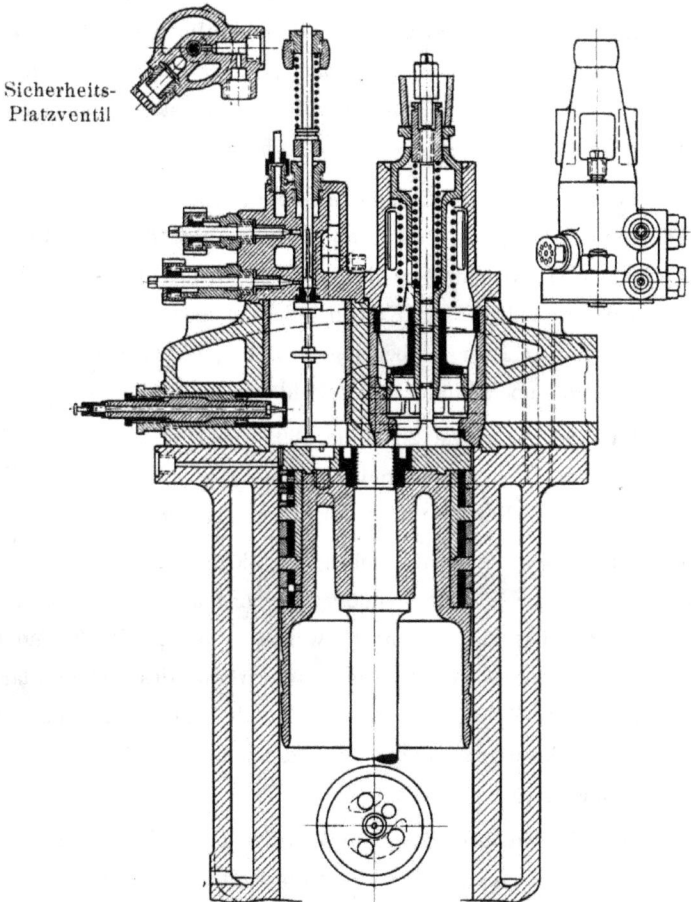

Fig. 15.

es 1,82. Die ursprüngliche Idee war, wegen der großen Drucke den Kolbendurchmesser klein zu halten, um leichte Gestänge und Gestelle zu bekommen.
Die jetzt vorherrschende Konstruktionsidee ist die Einheitlichkeit des Kompressionsraumes und die Verminderung seiner Oberfläche im Verhältnis zum
Volumen. Vorsichtshalber und zu Versuchszwecken wird seitlich in die Verbrennungskammer eine elektrische Zündkerze eingebaut.

Das Nadelventil und sein Gehäuse sind dieses Mal für die verschiedensten Versuchsvarianten eingerichtet. In das Nadelgehäuse münden seitlich zwei Kanäle mit feinen Regulierspindeln, der obere für Gas bzw. Luft, der untere für flüssige Brennstoffe. Das ganze Gehäuse ist hohl zu dem Zwecke, den Brennstoff darin ev. vorwärmen zu können, ein Verfahren, welches heute für Teeröle wieder in Aufnahme kommt. Bemerkenswert ist, daß diese Nadelsteuerung so eingerichtet war, daß für geringe Admission, also kleine Brennstoffmengen, der Nadelhub gleichzeitig vermindert wurde und umgekehrt (1895), eine Einrichtung, die neuerdings in zahlreichen Patenten wieder aufgetaucht ist. Näheres hierüber siehe weiter unten bei den Erläuterungen zu Fig. 54 S. 104.

Der Kolben wird nunmehr ganz ohne Aussparungen für die Ventile hergestellt. Die Scheu vor Nebenräumen ist so groß, daß das Ventil durch die Steuerung im oberen Totpunkt geschlossen und wieder geöffnet wird, lediglich um die Aussparung im Kolben zu vermeiden. Der Kolben selbst ist nach unten offen gebaut, ohne Wasserkühlung, mit 3 Paar Kolbenringen und dahinter liegenden Spannfedern; Kolbenschmierung noch immer mit Ölschleppring.

Wiederaufnahme der Versuche 26. März 1895, nach $4\frac{1}{2}$ Monaten Unterbrechung zur Herstellung der Pläne und der Maschine. Bei diesem Umbau wurden schon wesentliche Fabrikationserfahrungen gemacht.

Insbesondere machten wir sehr wichtige Erfahrungen für den Guß des Zylinders und des Deckels; der erste Zylinderguß war undicht und konnte auch durch Ausbüchsen nicht brauchbar gemacht werden. Der zweite Zylinder war ebenfalls im oberen Teil porös, infolge der Saugwirkung des dicken Flansches beim Erkalten. Der dritte Zylinder wird mit Flansch beim Gießen nach unten gerichtet und bewährt sich ausgezeichnet. Auch die richtige Gußmischung wurde damals mit den Gießmeistern festgelegt.

Es werden auch die Steuerkurven, die Ventilwiderstände und die Massenwirkungen der Ventile jetzt genau studiert und die Rollen der Ventilhebel immer näher an die Nockenscheiben herangerückt, um ruhigen Gang zu erzielen.

30. März 1895. Das früher schon endgiltig festgelegte Anlaßverfahren wird zum Patent, Nr. 86633, angemeldet. Späterer Zusatz dazu Nr. 90544 v. 18. Jan. 1896.

Zur Verteilung des Brennstoffs ist im Kompressionsraume als Düsenmundstück der sogen. doppelte Sternbrenner (Fig. 15) angebracht, bestehend aus zwei mit zahlreichen feinen radialen Löchern versehenen sternförmigen Brennern, die durch ein gemeinsames zentrales Rohr gespeist werden. Die Lage der Brenner

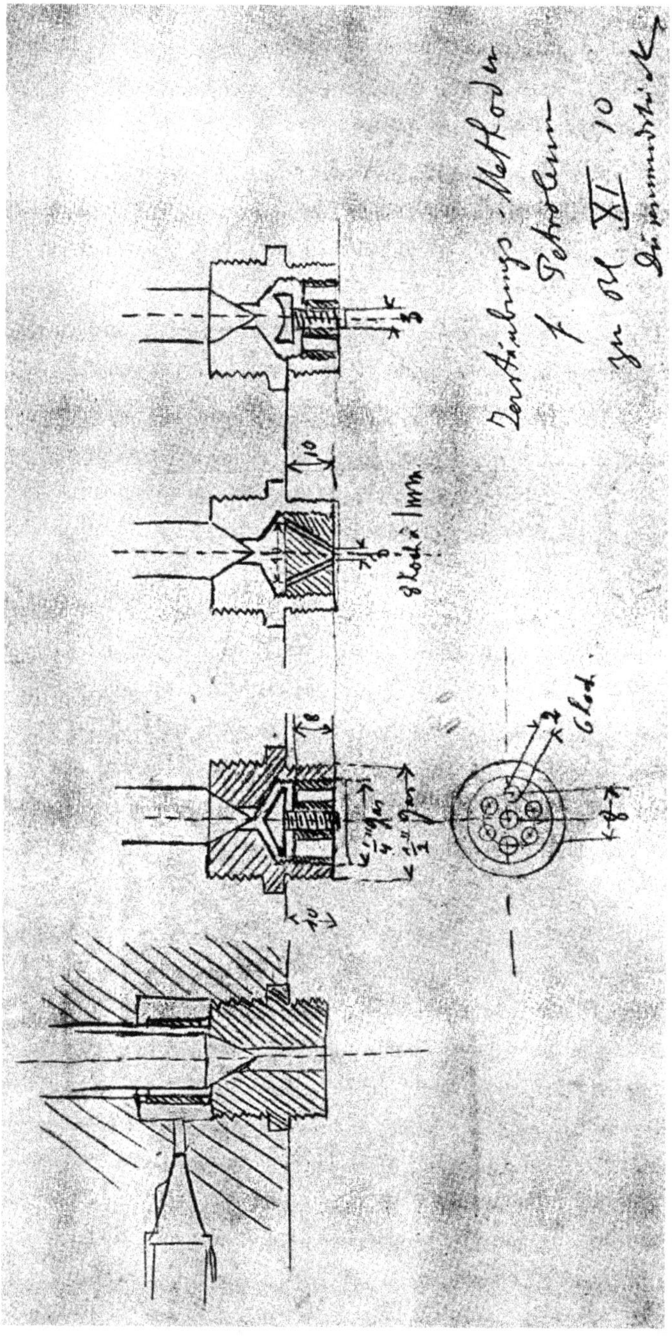

Fig. 16.

ist so gewählt, daß während der Admissionsperiode die g e s a m t e Luft des Kompressionsraumes über die Brenner hinweg gestrichen sein muß.

Zu den Versuchen wird jetzt ein junger Assistent, Herr Reichenbach, beigegeben (2 Jahre nach Beginn der Arbeiten), da ich nicht mehr imstande bin, die Arbeiten allein zu bewältigen (vergl. S. 7).

Die Versuche beginnen zunächst wieder mit Zündversuchen von Gasströmen mit dem erwähnten Brenner an offener Luft mit offener Flamme und mit elektrischen Funken. Auch hier Beobachtung, daß bei zu starken Drucken des Gases die Flammen erlöschen.

Ganz ähnliche Versuche mit Luftpetroleumnebeln, die, mit offener Flamme gezündet, rußlos verbrennen, mit elektrischen Funken aber nicht einmal zünden.

Versuche mit Prallflächen vor der Düsenmündung nach Fig. 16 zwecks noch weiterer mechanischer Zerstäubung des Brennstoffstromes im Innern des Zylinders, außerhalb der Düse. Diese Prallkörper waren zwischen Nadelventil und Sternbrenner eingeschaltet. Da derartige Zerstäuber später nicht beibehalten wurden, wird hier nicht näher auf deren Ergebnisse eingetreten.

Vor dem eigentlichen Eintritt in die Betriebsversuche, genaueste Messung aller Hohlräume im Zylinder durch Wasserfüllung und Kontrolle durch Rechnung. Verlorene Räume jetzt nur noch 10 % des eigentlichen Verbrennungsraumes gegen 60 % an der ersten Maschine und 28 % an dem letzten Umbau. Die Herstellung dieses besseren Verhältnisses und überhaupt eines geeigneteren Verbrennungsraumes war, wie erinnerlich, der Hauptgrund für diese neue Umkonstruktion und die durchschlagende Ursache des weiteren Fortschritts bei dieser Versuchsreihe.

Eigentliche Versuche. 29. April 1895. Einblasung von Benzin mit Luft mittels doppelten Sternbrenners. Alle Diagramme sofort schön breit (s. Diagr. 20 Tafel III). Auspuff r a u c h l o s und unsichtbar, indizierte Leistung sofort 14 PS, keine Versager. Journal: „Die Einströmperiode ist nicht zugleich Verbrennungsperiode, sondern bloß Misch- und V e r g a s u n g s p e r i o d e." Mai 1895. Wiederholung der Versuche. Die Maschine beginnt schon selbständig zu laufen. (Diagr. 21, 22, 23.) Regelung der Verbrennungskurve durch Variation des Einblasedruckes, höhere Drucke und längere Admissionsperiode geben bessere Diagramme. Der Auspuff ist „nur hörbar, jedoch ganz unsichtbar".

Diagramm 22 zeigt schon 6,85 kg entsprechend 23 PS i bei 200 Touren, und 34 PS i bei 300 Touren. Da der Leerlaufdruck jetzt schon auf 2,92 kg reduziert ist, so ist der mechanische Wirkungsgrad der Maschine 58 %.

Hierauf gleiche Versuche mit Lampenpetroleum. Genau gleiches Resultat wie mit Benzin, aber ruhigere Verbrennung (s. Diagr. 24—25), „fast genau hori-zontal". Die Länge der Verbrennungsperiode im Diagramm hängt nur von der Brennstoffmenge in der Düse und nicht von der Admissionsperiode an der Steuerung

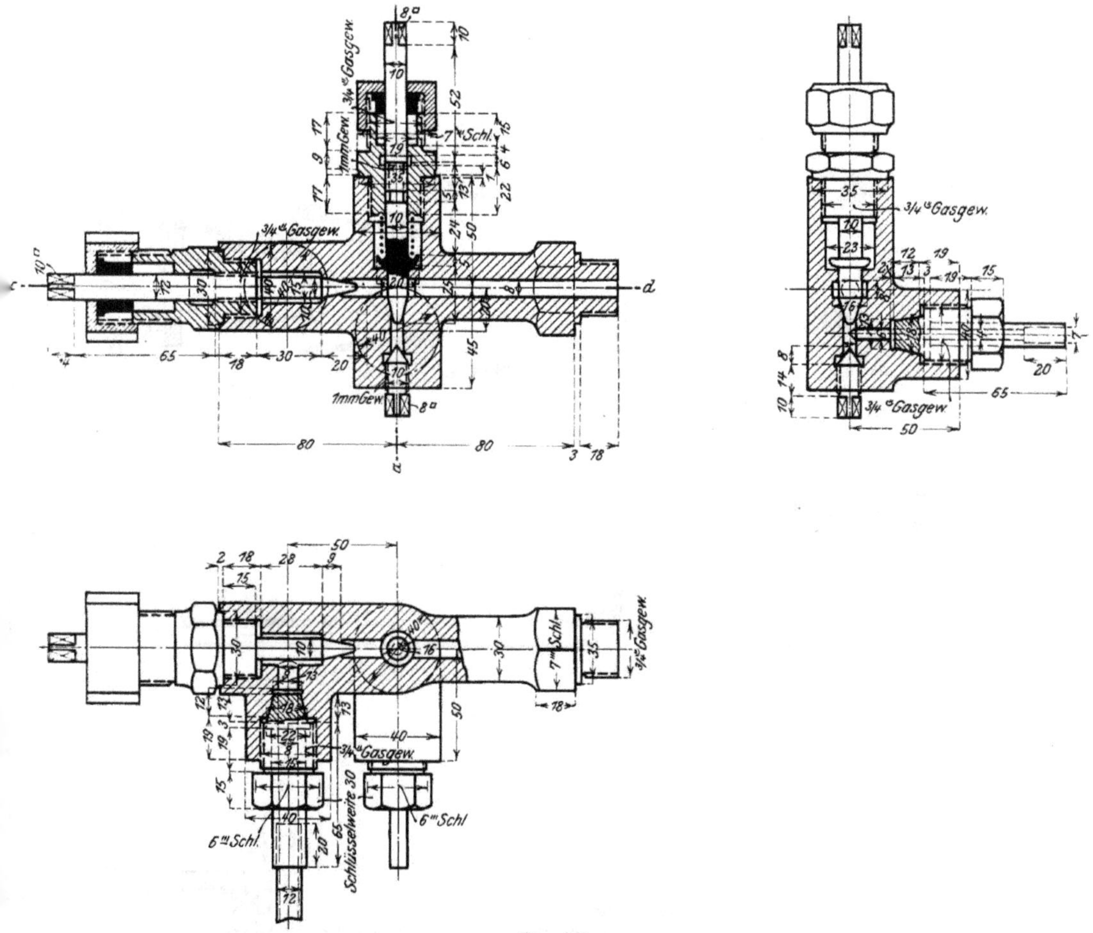

Fig. 17.

ab. Die Resultate sind indentisch für Gaseinblasung mit vorgelagerten Benzin-tropfen.

Genau gleiche Diagramme bei Einblasung von Gas allein, aber mit 50% Fehl-zündungen, herrührend von dem Mangel einer Einblaseluftpumpe beim Gasbetrieb.

1. Mai 1895, 2 Jahre nach Beginn der Versuche. Journaleintragung: „E s i s t a l s s i c h e r a n z u n e h m e n , d a ß d e r r i c h t i g e D i a g r a m m

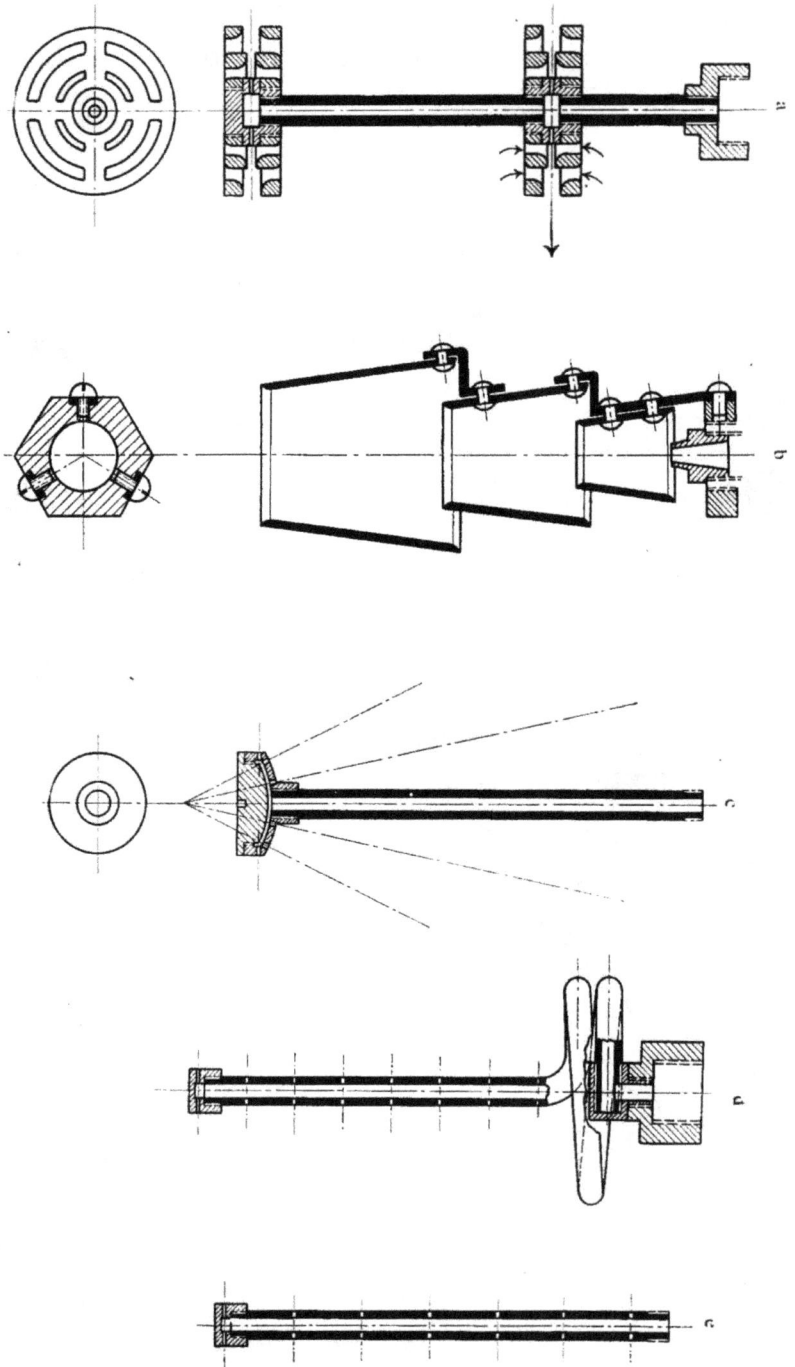

Fig. 18.

verlauf nunmehr erreicht ist." Es wird eine Bremse hergestellt.
Fortwährende Unterbrechungen des Betriebes wegen Warmlaufens des Kurbel-
zapfens, herrührend vom größeren Kolbendruck. Um die Maschine nicht ganz
umzubauen, wird die Kurbelwelle ausgebohrt und mit Wasser gekühlt.

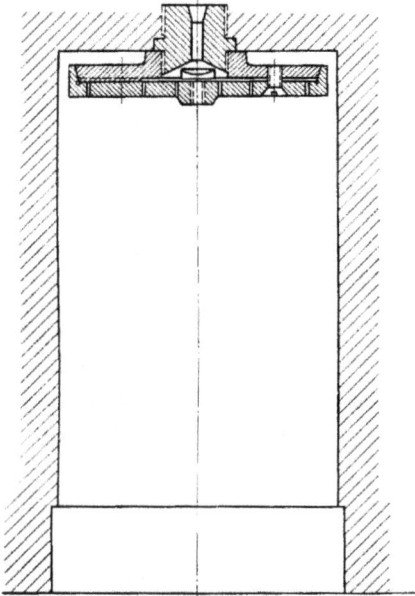

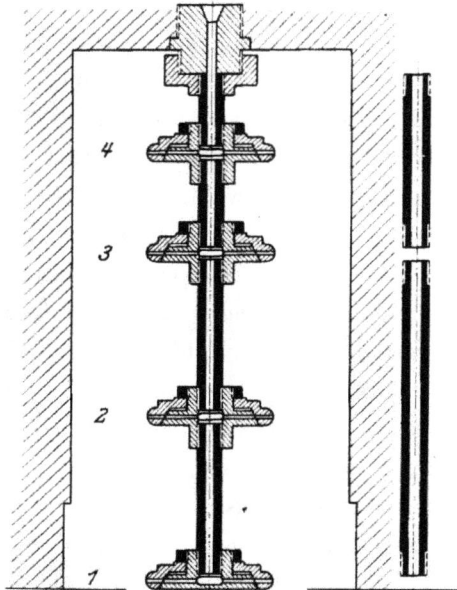

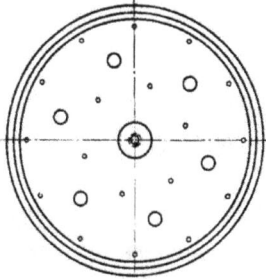

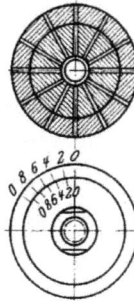

Fig. 18 f.   Fig. 18 g.

30. Mai bis 18. Juni 1895. Unterbrechung und Herstellung eines äußeren
Zerstäubers nach Fig. 17, d. h. eines Zerstäubers außerhalb der Düse, um einen
gleichmäßigen Luftbrennstoffstrom herzustellen und zu prüfen, ob die Zerstäubung
auf diese Weise vollkommener wird als innerhalb der Düse. Die Fig. 17 ist ohne
weiteres verständlich: das links befindliche Spitzventil reguliert den Zutritt der

Einblaseluft, welche injektorartig den durch das seitliche Rohr eintretenden Brennstoff mitreißt. Das vertikale Spitzventil dient zur Regelung der Brennstoffmenge. Die Diagramme entwickeln sich mit dieser Vorrichtung nicht so groß, und schön, wie bei dem Zerstäuber innerhalb der Düse.

An Stelle des doppelten Sternbrenners wird nun eine ganze Serie von verschiedenen Brennerformen hergestellt (s. Fig. 18 a bis g) und ausprobiert.

Fig. 18a. Sternbrenner mit Saugringen, war ähnlich dem doppelten Sternbrenner der Fig. 15, besaß aber um jeden Sternbrenner herum noch Saugringe, durch welche die umgebende Luft von den Brennstoffstrahlen injektorartig mitgerissen wurde. Fig. 18 b zeigt den sogenannten Strahlbrenner, dessen injektorartige Saugwirkung auf den gesamten Kompressionsraum ohne weiteres erklärlich ist. Bei Fig. 18 c werden die Brennstoffstrahlen von unten nach oben, der expandierenden Luft entgegen geschleudert. Fig. 18 d zeigt einen Rohrbrenner mit Spiralwindung, welch letztere den Zweck hat, den Brennstoff vor seinem Eintritt in den Verbrennungsraum durch heftige Erwärmung zu vergasen. Fig. 18 e endlich zeigt einen einfachen Rohrbrenner, wie er bereits früher bei den ersten Gasversuchen (s. Fig. 14) gebraucht wurde. Fig. 18 f zeigt den sog. Regenbrenner, bei welchem der Brennstoff regenförmig durch den ganzen Verbrennungsraum geblasen wurde. Endlich zeigt Fig. 18 g einen vierfachen Sternbrenner, bei welchem die Einblasequerschnitte an jedem Stern mittels Nonius genau einstellbar waren.

Alle diese Brenner wurden nacheinander zunächst an offener Luft probiert, und zwar jeder auf dreierlei Art:

1. mit Gas,
2. mit Einblasung von Lampenpetroleum in der Anordnung der Fig. 15,
3. mit Einblasung von Lampenpetroleum mit dem äußeren Zerstäuber nach Fig. 17.

Diese Versuche wurden immer zuerst an ganz freier Luft gemacht, dann an freier Luft, aber mit einer Blechhülse um den Brenner, dessen Raum der Verbrennungskammer in der Maschine entsprach.

Dann wurden diese sämtlichen Brenner auch in der Maschine selbst im Betriebe erprobt, und zwar jeweils auf dieselben drei Arten, unter Feststellung der erreichbaren größten Diagramme bei rauchloser Verbrennung mit verschiedenen Drucken und Admissionsperioden und Untersuchung des Innern der Maschine nach jedem Versuch.

Diese große Reihe von Versuchen hier näher zu erläutern, würde trotz der grundsätzlichen Beobachtungen, welche dabei gemacht wurden, zu weit führen und heute nicht mehr interessieren, da alle diese Brennerformen nicht zu typischen und bleibenden Konstruktionsgliedern geführt haben.

Es genügt, hier ganz kurz anzuführen, daß die Brenner Fig. 18 a und b ausgezeichnet arbeiteten, aber unbrauchbar waren, weil die Saugringe weißglühend wurden und sich mit Hammerschlag bedeckten, und daß von allen übrigen Brennern sich der doppelte Sternbrenner nach Fig. 15 am besten bewährte.

Dieser ergab die besten Diagramme (Diagr. 25), nämlich 7,65 kg bei gutem Auspuff und auch die schönste Entwicklung der Verbrennungskurve, nämlich absolut konstanten Druck, mit Ausnahme der kleinen Ecke durch Spätzündung.

Am 26. Juni 1895, fast genau 2 Jahre nach dem ersten Versuch, fand endlich der erste Bremsversuch statt, und zwar mit dem doppelten Sternbrenner.

Dabei wurde die Einblaseluft noch durch den Lindekompressor erzeugt, dagegen trieb der Motor ein kleines Vorgelege.

Die Ergebnisse waren folgende:

1. thermischer Wirkungsgrad 30,8 %,
2. mechanischer Wirkungsgrad 54 %,
3. wirtschaftlicher Wirkungsgrad 16,6 %,

Petroleumverbrauch pro PS i Stunde 206 g,
„ „ „ e „ 382 g.

Wegen des schlechten mechanischen Wirkungsgrades wird jetzt den mechanischen Einzelheiten der Maschine nachgegangen. Zuerst dem Kolben; die Ringe desselben zeigen sehr ungleiches Anliegen. Journal: „Auch der Zylinder zeigt bei genauer Messung, daß er unrund ist, wir haben mit einem sehr schlechten Kolben gearbeitet, Zeichen, daß wohl nicht die Ringe selbst das Dichten besorgen, als vielmehr das zwischen ihnen gehaltene Öl."

Zur Erprobung dieses Satzes werden Versuche gemacht, den Kolben bei verschiedenen Schmierungszuständen auf seine Dichtheit zu prüfen, indem man ihn jeweils im oberen Totpunkt festhält und Luftdruck darauf gibt. Im ungeschmierten Zustand hält der Kolben überhaupt keinen Druck, im geschmierten Zustand wird immer erst das ganze Schmieröl herausgetrieben, bis das Blasen des Kolbens beginnt; die Zeit bis zum Beginn des Blasens ist um so größer, je besser der Schmierzustand und je fetter das Öl ist.

Zur Erprobung des Wertes der Spannfedern werden diese ganz entfernt und durch feste Gußringe ersetzt; nunmehr zentriert der Kolben viel besser. Journal: „Die Spannringe haben demnach ein seitliches Drücken des Kolbens und damit Klemmungen zur Folge." Die Auslauftourenzahl zeigt sofort geringere Kolbenreibung an.

Leerlaufversuch mit diesem Kolben, Diagramm jetzt 2,78 kg gegen früher 3,38 kg, Verbesserung 0,6 kg; der Kolben ist dabei ebenso dicht wie früher.

Der Bremsversuch mit diesem Kolben ergibt den Petroleumverbrauch pro PS e 327 g statt 332 g, den mechanischen Wirkungsgrad 64 % statt 54 %. Journalbemerkung: „Bemerkenswert ist, daß bei den bisherigen drei Versuchen der Petroleumverbrauch pro i n d i z i e r t e Pferdestärke, also 206 — 225 — 211 g, im großen und ganzen konstant ist und weitaus weniger als die Hälfte als bei allen bisher bekannten Motoren beträgt."

Für alle Bremsversuche wurden umfangreiche Bremsprotokolle, welche alle Einzelheiten der Versuchsanordnung und der Versuchsergebnisse ausführlich wiedergeben, ausgefertigt und dem Journal einverleibt, alle o f f i z i e l l e n Versuchsprotokolle sind mit den Originalunterschriften der Teilnehmer versehen.

Es wird nun der doppelte Sternbrenner bei verschiedenen Tourenzahlen zwischen 140—190 probiert; es erweist sich, daß der Verbrennungsdruck bei 140 Touren 30 Atm., bei 190 Touren nur noch 23 Atm. beträgt. Die Strömung aus den feinen Löchern ist demnach bei hohen Tourenzahlen ungenügend und es ist der Brenner bei verschiedenen Tourenzahlen noch genau zu studieren.

3. Juli 1895. Erste Anlaßversuche m i t Zündung nach vorherigen Vorübungen ohne Zündung. Es wird dabei die Anlaßflasche vom Motorkolben ausgefüllt vermittels des Anlaßventils mit einstellbarer Feder, ähnlich wie bei Fig. 5, wobei zur Vermeidung des Rückschlagens der Flamme in die Anlaßflasche ein Kiestopf in die Anlaßleitung eingeschaltet ist.

Erstes Anlaßdiagramm mit Zündung. „Sofort beim Überspringen der Steuerung auf Betriebsstellung erfolgt augenblicklich Zündung und Betrieb des Motors. Die Anlaßfrage ist damit erledigt. D e r M o t o r i s t d e m n a c h o h n e j e d e V o r b e r e i t u n g i n j e d e m M o m e n t b e t r i e b s b e r e i t." Diese wichtige Eigenschaft des Dieselmotors, eine der wichtigsten für den Schiffsbetrieb, war demnach im Juli 1895 erwiesen.

Betrieb unter gleichzeitiger Rückfüllung der Anlaßflasche durch den Hauptkolben geht gut, aber das Anlaßventil muß umkonstruiert werden, da es oft stecken bleibt. Bekanntlich wurde das Auffüllen der Anlaßflasche vom Motorzylinder aus später verlassen und durch Auffüllen von der Einblaseluftpumpe aus ersetzt.

Um den mechanischen Wirkungsgrad noch weiter zu verbessern, Einsetzen schwächerer Kolbenringe von nur 6,5 mm Dicke statt 10 mm, und zwar diesmal ohne Spannringe. Wiederum wesentliche Verbesserung.

6. Juli 1895. Bremsversuch mit diesem neuen Kolben (Diagr. 26), mechanischer Wirkungsgrad 67,2 % statt 64 %, thermischer Wirkungsgrad 30,15, wirtschaftlicher Wirkungsgrad 20,26, indizierter Petroleumverbrauch 196 g, effektiver Petroleumverbrauch 291 g statt früher 386 und dann 327.

Untersuchung der Maschine: Die Ringe liegen nur an einzelnen Punkten an, dichten also gar nicht richtig, sie sind nicht rund und werden durch das Einsprengen eckig; auch der Zylinder ist weder rund noch zylindrisch. Zum ersten Male wird jetzt die Aufmerksamkeit auf die Werkzeugmaschinen gelenkt und entdeckt, daß beispielsweise gewisse Zylinderbohrmaschinen infolge von Vibrationen und Verbiegungen der Bohrspindel nicht so rund drehen, wie für unsere Zwecke erforderlich. Diese Erfahrung wurde eine der wesentlichsten Grundlagen bei allen späteren Einrichtungen von Spezialwerkstätten für Dieselmotoren, bis zum heutigen Tage.

Feststellung der Einblaseluftmenge; sie beträgt $^{1}/_{20}$ der Arbeitsluftmenge.

Mitteilung der erreichten Resultate an Krupp durch Brief vom 8. Juli 1895, unter Übersendung der Vergleichstabelle mit den bisherigen Petroleummotoren nach Wilhelm Hartmanns Versuchen [*]). Bemerkung in diesem Brief: „Wir verbrauchen demnach nur 0,6 vom Brennstoff der anderen und unsere Maschinen sind nur 0,58 mal so groß für gleiche Arbeit. Ich bin weit entfernt, diese Resultate als definitive hinzustellen, sie sind im Gegenteil noch sehr unvollkommen, schon deshalb, weil der Motor nur mit ¾ Leistung arbeitete. Bei unseren Versuchen wurde die zum Einblasen des Petroleums nötige Luft noch von einem extra aufgestellten Kompressor geliefert. Die Luftmenge ist — laut Messungen — so gering, daß sie die obigen Resultate nicht wesentlich beeinflußt. Wir sind jedoch jetzt damit beschäftigt, dem Motor seine eigene Luft- bezw. Gaspumpe zu entwerfen."

Unterbrechung der Versuche für den Einbau einer eigenen Luftpumpe. Die Zeit wird auch benutzt, um alle Versuchseinrichtungen zu vervollkommnen.

Aufstellung einer Gasuhr zur Messung der Einblaseluftmenge.

Aufstellung von Meßgefäßen zur Messung der Kühlwassermengen, Einsetzen von Thermometern in Wasser-, Gas-, Luft- und Auspuffleitungen.

Ferner Einbau eines abgeschlossenen Bureauraumes in das Laboratorium, da die zahlreichen Bureauarbeiten nicht mehr an einem kleinen Tisch im Maschinenraum, wie bisher, erledigt werden können.

---

[*]) Zeitschrift des Vereins deutscher Ingenieure 1895, S. 342, 373, 399, 469, 586, 616.

Das Journal wird immer noch von mir persönlich geführt, nur die Versuchsprotokolle werden vom Assistenten geschrieben.

Die Versuchsmaschine war dieselbe wie früher, nur wurde seitlich am Zylinder eine einstufige Luftpumpe angeschraubt, die mittels Balanciers von der Pleuelstange aus angetrieben wurde. Der Hub des Kolbens war einstellbar durch Verstellung des Balancierdrehpunktes.

Fig. 19 zeigt die Versuchsanordnung mit dieser Luftpumpe. Derartige schematische Zeichnungen liegen dem Journal für fast jede neue Versuchsanordnung bei; diese Figur ist bloß als Beispiel herausgenommen. Die Druckluft-

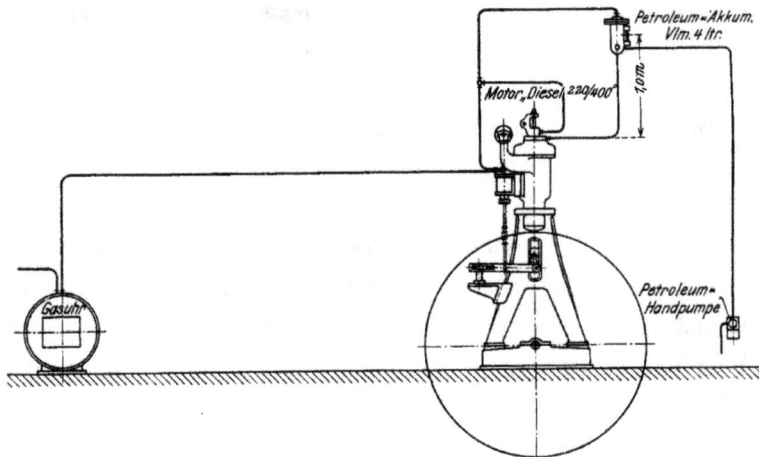

Fig. 19.

leitung ging einerseits zur Einblasedüse, anderseits zum Petroleumgefäß, so daß der Druck in beiden immer derselbe war.

Erprobung der neuen Luftpumpe, die in e i n e r Stufe die Luft auf den Einblasedruck zu verdichten hat, Studium dieser Pumpe. Allmähliche Reduktion ihrer schädlichen Räume und Verminderung der Arbeitsverluste durch Abänderung der Ventilfedern. Messung der Luftmengen und der Arbeitsleistung der Pumpe = 1,4 PSi. Beim Betrieb heftige Stöße im Druckventil, Beseitigung derselben durch Verschmälerung der Ventilsitze. Journal: „Schmalsitzige Druckventile sind nötig."

Es finden in dieser Periode zahllose Übungsversuche im Betrieb des Motors, vergleichende Kontrollversuche der verschiedenen Brenner, Versuche mit verschiedenen Admissionsperioden von Brennstoff und den verschiedensten Einstellungen der Steuerung, verbunden mit Bremsversuchen, aus welchen sich nach und nach feste, bleibende Regeln für Steuerung und Einblasung entwickeln, die alle im Journal verzeichnet sind, und die ihren Ausdruck im D. R.-P. Nr. 86 946 finden, welches namentlich die Veränderung der Verbrennungskurve durch Vor- oder Nacheilung des Einblasebeginns schützt.

11. Oktober 1895. Offizieller Bremsversuch mit der eigenen Luftpumpe, und zwar mit dem doppelten Sternbrenner, welcher immer noch der beste ist (Diagr. 27). Ergebnisse:

thermischer Wirkungsgrad 24,6 % (früher 30,15 %),

mechanischer Wirkungsgrad 67 % (ebenso groß wie früher),

wirtschaftlicher Wirkungsgrad 16,5 % (früher 20,26 %),

Ölverbrauch pro PSe Stunde 356 g (früher 291),

,,   pro PSi Stunde 238 g (früher 196).

Diese Resultate sind wesentlich ungünstiger als diejenigen vom 6. Juli 1895 ohne Luftpumpe. Brief an Krupp vom 14. Oktober 1895. Stellen aus diesem Briefe: ,,Es ist mit der neuen Luftpumpe eine s e l b s t ä n d i g arbeitende Maschine geschaffen. Die Resultate sind nicht so günstig wie diejenigen vom 6. Juli 1895 ohne Luftpumpe; da sich bisher die Theorie als untrügliche Führerin erwiesen hat, so ist nicht zu bezweifeln, daß auch das gewünschte Diagramm erreichbar ist, wodurch der Brennstoffkonsum auf die Hälfte und weniger der jetzigen Motoren sinken muß und die Maschinendimensionen sich noch bedeutend verkleinern. Um dies zu erreichen, ist eine weitere Umkonstruktion des Motors und insbesondere die Analyse der Abgase notwendig. Die jetzt erreichte Entwicklungsstufe ist demnach nur als der erste Anfang zu betrachten."

Versuche, mit forciertem Diagramm zu arbeiten, also das größtmögliche Diagramm zu erreichen, ohne Rücksicht auf den rußigen Auspuff. Das Diagramm verändert sich nur unmerklich, der Brennstoffverbrauch erhöht sich stark: 389 g statt 356 g. Journal: ,,Es unterliegt keinem Zweifel, daß mit reinem, d. h. möglichst unsichtbarem Auspuff gearbeitet werden muß."

Ich entwerfe nun die erste selbständige Petroleumpumpe und deren Regulierung; bisher wurde das Petroleum von Hand in ein Gefäß gepumpt, welche unter dem Druck der Einblaseluft stand und an der Düse von Hand reguliert wurde (vgl. Fig. 19).

November 1895. Dauerbetrieb des Motors unter alleiniger Führung des Monteurs Schmucker (später Monteur Schöffel, der den Motor überhaupt noch nicht kannte), um festzustellen, wie der Motor sich verhält, und um Betriebserfahrungen zu sammeln. Der Motor arbeitet dabei mit seiner eigenen Luftpumpe und eigenen Petroleumpumpe, ist demnach zum ersten Male ganz selbständig.

Bei diesem Dauerbetrieb wird ein genaues Journal über jeden Zwischenfall geführt; da aber zahlreiche Vorführungen vor den allmählich sich meldenden Interessenten stattfinden, verbunden mit fortwährenden Demontagen und inneren Untersuchungen der Maschine und ihrer Organe, so konnte ein Dauerbetrieb im industriellen Sinne nicht stattfinden. Das wesentliche Ergebnis dieses Betriebes ist jedoch, daß die Maschine innen stets vollkommen rein bleibt, daß aber der doppelte Sternbrenner, d. h. dessen vertikales Mittelrohr, durchschnittlich nur 40—50 Betriebsstunden aushält, worauf das Diagramm von seiner ursprünglichen Normalgröße (Nr. 29) kleiner und kleiner wird (s. Diagr. Nr. 31) und der Brenner gereinigt werden muß, w e i l d a s R o h r d u r c h K o h l e n - a n s a t z z u w ä c h s t. Außerdem ist der Brenner nur für eine ganz bestimmte Tourenzahl wirklich gut, darüber hinaus nicht mehr. Alle anderen Organe haben sich bewährt. Nur das Anlaßventil, welches mehrfach umkonstruiert wurde, darf nicht gleichzeitig als Rückfüllventil dienen, da sich diese zwei Funktionen nicht vereinigen lassen. E s w i r d d e f i n i t i v b e s c h l o s s e n, d i e R ü c k - f ü l l u n g d e r F l a s c h e n v o n d e r L u f t p u m p e a u s v o r z u - n e h m e n u n d d a s A n l a ß v e n t i l a u s s c h l i e ß l i c h z u m A n - l a s s e n z u b e n u t z e n.

21. Dezember 1895. Brief an Krupp. Stellen daraus: „Die ganze Maschine hat sich vollkommen bewährt, ist sogar wesentlich besser geworden, wie das Auslaufdiagramm Nr. 28 zeigt, wo sich Kompressions- und Expansionskurve fast genau decken, ein Zeichen von der Dichtheit des Kolbens; der mittlere indizierte Druck hat gegen früher um 1 kg zugenommen. Als einziger Nachteil ist die öftere Notwendigkeit des Auswechselns des Brenners zu nennen (alle 4—5 Tage). Diese Operation ist aber derartig einfach (entspricht etwa dem Auswechseln der Kohlen an einer Bogenlampe), daß sie kaum ins Gewicht fällt. Ich hoffe auch sehr, dieselbe mit der Zeit überflüssig zu machen.

Der Dauerbetrieb ist nunmehr unterbrochen, um den Regulator nebst Zubehör an dem Motor zu montieren. Gleichzeitig mit der Regulierung werden wir im neuen Jahre die Analyse der Abgase vornehmen."

Im Versuchslokal wird der Motor mit Regulator versehen und damit wieder in Betrieb gesetzt, um noch eine Reihe von Fragen sowohl in bezug auf die mechanischen Einzelheiten als auf die inneren Vorgänge zu erledigen, ehe an die Konstruktion eines ganz neuen Motors herangetreten wird.

Zunächst werden zahlreiche Regulierversuche gemacht, graphische Untersuchung des Regulators auf seine Eigenschaften. Die Versuche, den Regulator allmählich richtig zu konstruieren, sind technisch interessant, aber geschichtlich ohne großen Wert. Zahlreiche Versuche über die Gleichförmigkeit bei Ent- und Belastung der Maschine.

8. Januar 1896. Ankunft des Chemikers Herrn Hartenstein aus Essen zum Zwecke, uns in die Praxis der Abgasanalysen mit Hempelscher Burette einzuführen. Die Versuche zeigen v o l l k o m m e n e Verbrennung zu Kohlensäure, sowohl bei voller als halber Belastung. Auch bei voller Belastung ist noch starker Luftüberschuß vorhanden, also die Hoffnung berechtigt, daß bei besserer Verwertung aller vorhandenen Luft das Diagramm größer werden kann. Größere Diagramme, mit 8,4 kg, werden auch vorübergehend erzielt, aber nur im Moment des Anlassens wo im Zylinder ganz reine Luft vorhanden ist, sie werden aber mit jedem folgenden Hub kleiner, weil sich die Zylinderluft allmählich verunreinigt. Journal: ,,Diese Diagramme zeigen deutlich, was erreichbar wäre, wenn man für mehr und reinere Luft im Zylinder sorgt."

Abgasanalysen bei halber Leistung zeigen starken Luftüberschuß. Abgasversuche bei absichtlich russigem Auspuff zeigen Kohlenoxydbildung, freien Sauerstoff und unverbranntes Grubengas, welches sich aus der Zersetzung von Petroleum bei Berührung mit den heißen Flächen des Sternbrenners unter Ausscheidung von Ruß entwickelt.

Journal: ,,Die Versuche zeigen ein von allen bisherigen Verbrennungsmethoden total abweichendes Verhalten. Während bei allen anderen Petroleummotoren bei halber Belastung der Brennstoffkonsum enorm steigt, um 40—70 % gegenüber voller Belastung, bleibt er beim Dieselprozeß fast konstant; bis ¾ Leistung herunter bleibt der Konsum ganz konstant." Dieses damals festgestellte Gesetz ist bekanntlich eine der besten und wesentlichsten Eigenschaften des Dieselmotors geblieben.

Die Versuche zeigen aber im allgemeinen, daß das beabsichtigte Luftvolumen nicht vorhanden ist, und es wird festgestellt, daß bei dem Doppelorgan für Einlaß und Auspuff trotz des Rundschiebers eine größere Menge Auspuffgas in die Frischluftladung zurückgelangt. Schlußfolgerung, daß Ein- und Auspuffventil endgültig getrennt werden müssen. Dieser Schluß war schon früher einmal erfolgt, aber wieder verlassen worden, weil die Verbrennungskammer in den Deckel verlegt wurde. Es herrschte immer noch die Ansicht, daß die Verbrennungskammer ein zylindrischer Raum von ungefähr gleicher Höhe und Durchmesser sein müsse, und die flache Verbrennungskammer, wie sie später entstand, wurde ängstlich gemieden.

Die neue Luftpumpe verhält sich mechanisch sehr gut, hat aber wiederholt Schmierölentzündung im Druckrohr gegeben. Hinweis auf die Notwendigkeit kräftiger Kühlung der Einblaseluft.

4*

Die Petroleumpumpe hat am meisten Betriebsstörungen gegeben, sowohl der erste Bronzekolben als der zweite Stahlkolben nutzen sich durch das Hartwerden der Lederpackung ungemein rasch ab, es muß ein gehärteter Stahlkolben eingesetzt und ein anderes Material für die Packung gefunden werden.

Bei diesen Versuchen pumpt die Petroleumpumpe immer noch in ein Petroleumgefäß, das unter konstantem Luftdruck gehalten wird, also noch nicht in die Düse des Motors. Zur Konstanthaltung des Petroleumniveaus in diesem Gefäße werden sehr komplizierte, automatische Apparate konstruiert, die wohl befriedigen, aber viel zu kompliziert sind, um in der Praxis Eingang finden zu können, sie werden deshalb hier nicht näher erläutert.

Kolbenschmierung. Der Ölschlepper schmiert gut, hat aber viele Nachteile, insbesondere zu reichliche Schmierung und daher Ölverluste. Es muß unbedingt eine ökonomischere Kolbenschmierung gefunden werden.

Da infolge der bisherigen Dauerbetriebserfahrungen und Versuchsergebnisse die beteiligten Firmen die Zeit für die praktische Verwertung der neuen Maschine als gekommen erachten, so fand am 20. Februar 1896 eine große Konferenz über diese Frage statt, und zwar im Beisein der Herren Asthöwer, Klüpfel, Albert Schmitz, Gillhausen, Klemperer und Ebbs von der Firma Krupp, H. Buz und Lucian Vogel von der Maschinenfabrik Augsburg und Diesel.

Es wird der Beschluß gefaßt, die Versuchsarbeiten einzustellen und alle Kräfte auf das Konstruktionsbureau zu konzentrieren, zu folgenden Zwecken:

1. Herstellung von Werkstattzeichnungen von Einzylindermotoren mit 250 mm Durchmesser und 400 mm Hub, Hubverhältnis 1,6 (vergl. S. 37).
2. Fertigstellung der Zeichnungen des Compoundmotors, die schon seit längerer Zeit in Arbeit waren.

Da das Zeichnungsbureau nunmehr direkt in das Laboratorium eingebaut ist, so ist es mir möglich, gleichzeitig das Laboratorium und das Konstruktionsbureau zu leiten. Dem Konstruktionsbureau werden nunmehr einige jüngere Ingenieure zugeteilt, darunter Herr Lauster, der sich in späteren Jahren, nach dem Tode des Oberingenieurs Vogt, als Oberingenieur der M. A. N. für die Entwickelung des Dieselmotors außerordentliche Verdienste erwarb.

Später, als die Zeichnungen des Motors 250/400 schon sehr weit gediehen waren, wurde beschlossen, diese Einzylindermotoren so umzubauen, daß die Luft von der unteren Kolbenseite im Zweitakt angesaugt und durch ein Zwischengefäß in den Verbrennungsraum übergeleitet wird, um mehr Luft in den obenliegenden Verbrennungsraum zu bekommen und so das Diagramm zu vergrößern, da alle bisherigen Diagramme an Luftmangel gelitten hatten. Die Zeichnungen werden daraufhin neu angefangen.

Es entstand also damals ein Einzylindermotor mit Lade- bzw. Spülpumpe, wobei diese aber nur für das Viertaktverfahren, und noch nicht wie heute, zur Durchführung des Zweitaktes diente. Immerhin wurden aber mit dieser Anordnung schon wichtige Erfahrungen über Ladepumpen gemacht.

Die Werkzeichnungen dieser Maschine kamen am 30. April 1896 in die Werkstätten.

Bei der Herstellung gelang der Zylinderguß sofort, während bei dem vorhergehenden Motor für dieses Stück drei Güsse nötig waren.

Während der Ausführung der neuen Maschine wurden mit der alten Maschine wirklich industrielle Dauerversuche vorgenommen, unter Einhaltung der Fabrikzeiten und unter alleiniger Aufsicht des Maschinisten Schmucker. Dabei mußte die Maschine vollständig selbständig arbeiten, also auch aus eigenen Mitteln angélassen werden. Diagramm 30 zeigt ein schön ausgebildetes Anlaßdiagramm aus dieser Zeit. Nach einem 17 tägigen fabrikmäßigen Dauerbetrieb wurde der Motor als genügend betriebssicher erachtet und weitere Proben eingestellt. Es mußte nur jeden Tag nach Schluß der Fabrik der Sternbrenner gegen einen frisch gereinigten ausgewechselt werden, eine Arbeit, die eine Viertelstunde beanspruchte. Journal: „Es muß nach Beseitigung des Brenners gestrebt werden."

Zu diesem Zwecke zunächst Versuche mit dem sog. Konusbrenner, Fig. 20. Dieser gibt schönes Diagramm bis 7,1 kg/qcm mit wenig Hang zu Rußbildung (Diagramm Nr. 32). Die Vorteile dieses Brenners gegenüber dem Sternbrenner sollen folgende sein: Geringeres Hineinragen in den Verbrennungsraum, daher Vermeidung zu starker Erhitzung, ferner Vermeidung des großen Hohlraumes, in welchem sich Kohlenansatz bildet.

Nach 17 stündigem Betrieb Untersuchung: Es sind nur noch die mittleren fünf Löcher und zwei seitliche Löcher offen. Beweis, daß sehr geringer Einblasequerschnitt erforderlich; durch Nachrechnung desselben kommen wir von selbst auf richtige Querschnitte.

Gleichzeitig zeigt dieser Brenner 50—70 % Lufterspanis, die ihrer Auffälligkeit wegen an der Gasuhr gemessen wird. Ein Kontrollversuch, mit diesem Brenner ohne Luft einzuspritzen, erweist sich als „unmöglich" und ergibt Vorzündungen, Nachbrennen, Schleifen im Diagramm, starke Rußbildung schon bei ganz kleinen Diagrammen.

Auch dieser Brenner läßt allmählich nach wie der doppelte Sternbrenner, aber viel langsamer. Journal: „Bedeutender Fortschritt." Der gleiche Brenner wird für Leuchtgasversuche verwendet. Die ersten Diagramme (Nr. 33) gelingen schlecht, nach einiger Übung zeigt sich aber auch mit Leuchtgas schöne Verbrennung (Diagr. 34). Vielfache Wiederholungen der Gasversuche, Gaskonsum besser als bei allen anderen damaligen Gasmotoren, keine Versager. Bei diesen Gasversuchen wurde kein flüssiger Brennstoff mit eingespritzt. „Es ist hiermit der Beweis geliefert, daß der Motor ebensogut für Leucht-

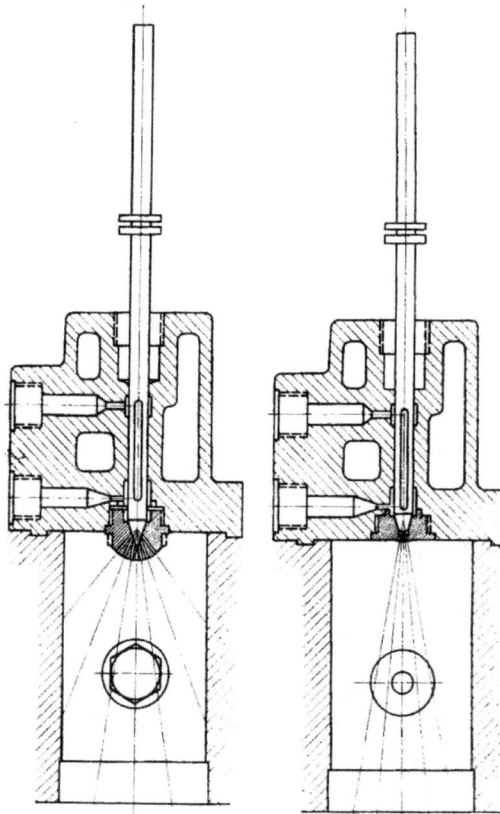

Fig. 20.   Fig. 21.

gas wie Petroleum zu gebrauchen ist, und zwar ohne irgendeine Änderung.“

Zwischenversuch über die bei der Verdichtung der Einblaseluft entstehenden Kondensationswassermengen, Messung derselben und Einrichtungen zur ständigen Entfernung derselben.

Es folgen nun Versuche, den Konusbrenner zu verbessern nach Fig. 21. Dieser hat nur wenige, ganz kurze Löcher; er ist sehr dünnwandig, kann sich demnach noch weniger erhitzen und ragt gar nicht mehr in den Verbrennungsraum. Nach 51 Betriebsstunden sind die kurzen Löcher noch vollkommen blank und frei. Journal: „Der Brenner ist also definitiv gut und betriebssicher auf lange Zeit, verbraucht aber mehr Luft."

Der Übergang von diesem Brenner zum einfachen Loch in der Düsenplatte — wie es heute bei allen Dieselmotoren allein üblich ist — wurde damals, in der

Fig. 22.

Idee der besseren Brennstoffverteilung, nicht gemacht, trotzdem schon, wie bereits geschildert, vielfache Versuche mit kalibrierten Düsenplatten gemacht worden waren. Beim Lampenpetroleum hat sich auch kein Bedürfnis nach einem anderen Brenner herausgestellt; erst bei Roh- und Schwerölen wurde die Frage wieder aktuell und zugunsten der einfachen Düsenplatte entschieden.

Damit war die Aufgabe dieses Motors erledigt; er wird endgültig abgebaut und auf die Seite gestellt, nachdem er am 7. September 1896 noch photographiert worden war (s. Fig. 22).

Diese Versuchsperiode hatte vom November 1894 bis September 1896, fast zwei Jahre, gedauert.

Die Errungenschaften dieser Periode waren im wesentlichen folgende:

Konstruktion der Einblasepumpe, der Petroleumpumpe und des Regulators.

Am Zylinder angegossener Kühlmantel.

Verlegung der Steuerwelle nach oben in die Nähe des Deckels.

Weiterer Fortschritt in der Vereinheitlichung der Kompressionskammer und in der Beseitigung verlorener Lufträume bis auf 10 % des Verbrennungsraumes.

Kritik des Verhältnisses von Kolbendurchmesser zu Hub und seines Einflusses auf die Verbrennungsvorgänge einerseits und die Konstruktionsschwierigkeiten anderseits.

Erreichung von gut entwickelten Diagrammen mit unsichtbarem Auspuff bis 7,5 kg/qcm mittlerem Druck mit Petroleum und Leuchtgas im Dauerbetrieb.

Identität des Motors für flüssige und gasförmige Brennstoffe.

Feststellung der Einblaseregeln und Erzielung beliebiger Verbrennungskurven.

Feststellung des Gesetzes vom nahezu konstanten Brennstoffverbrauch zwischen voller und halber Leistung.

Bestätigung der Notwendigkeit der Kühlung und Entwässerung der Einblaseluft.

Abgasanalysen und wertvolle Schlußfolgerungen auf die Verbrennungsvorgänge.

Wesentliche Verbesserung der mechanischen Einzelheiten.

Beweis, daß Spannringe schädlich sind, und daß nicht die Spannung der Ringe, sondern das zwischen den Ringen gehaltene Öl die Kolbendichtigkeit bedingt. Infolgedessen Umkonstruktion des Kolbens auf seine heutige typische Form und Verminderung des Leerlaufwiderstandes auf die Hälfte.

Feststellung der Notwendigkeit der mathematisch richtigen Form von Zylindern und Kolbenringen.

Untersuchung der Werkzeugmaschinen auf diese Bedingung.

Endgültige Trennung von Ein- und Auslaßorganen am Zylinder.

Genaue Studien über Beschleunigungen der Ventile und ihrer Widerstände, Verbesserung der Steuerung in bezug auf ruhigen Gang.

Variabler Nadelhub für variable Leistung.

Vorwärmen des Petroleums im Düsengehäuse.

Versuche mit verschiedenen inneren und äußeren Zerstäubern.

Versuche mit zahlreichen Düsenmundstücken (Brenner).

Weitere Versuche mit kalibrierten Düsenplatten.

Wesentliche Fabrikationserfahrungen, namentlich in bezug auf Gieß-methoden und Gußmischungen für die wichtigsten Stücke.

6. Versuchsreihe.

Inzwischen waren die Arbeiten am neuen Motor 250/400 mit Ladepumpe, dessen Zeichnungen am 30. April 1896 in die Werkstatt gegeben worden waren, so weit gediehen, daß die einzelnen Teile nach und nach fertiggestellt waren und nachgeprüft werden konnten.

Die Fig. 23—27 zeigen diese Maschine, die, wie bereits erwähnt, in allen Teilen vollständig neu gebaut wurde. Das Hubverhältnis = 1,6 ist wieder wesentlich verkleinert, vergl. S. 37.

Der Zylinder ist aus Gußeisen und mit seinem Kühlmantel zusammengegossen. Der Deckel ist ebenfalls aus Gußeisen und zeigt die typische Form der heutigen Motordeckel.

Der Verbrennungsraum ist endlich ein einheitlicher glatter Raum zwischen Kolben und Deckel ohne irgendwelche Nebenräume oder Ausbuchtungen, wie er für den Dieselmotorenbau allein herrschend geworden ist.

Der Werdegang des Motors bestand, wie ersichtlich, in dem tastenden Aufsuchen der richtigen Form, Lage und Größe des Verbrennungsraumes. Dieser lag bei den ersten Versuchsmaschinen im Kolben, bei den weiteren Versuchsmaschinen im Deckel und endlich bei dieser neuen Maschine zwischen Kolben und Deckel. Da mit der Lage und Form dieses Raumes die Konstruktion der ganzen Maschine im innigen Zusammenhang steht, so mußten für diese 3 Lagen der Verbrennungskammer 3 grundsätzlich verschiedene Motorformen durchgeführt werden.

Die Kolbendichtung wird ohne Spannfedern, lediglich mit 4 fast spannungslosen eingesprengten Gußringen hergestellt; der Kolben selbst ist hohl und wassergekühlt, wie bei den heutigen größeren Motoren.

Einsauge- und Austrittsventil sind getrennt und haben die heute noch übliche Konstruktion; auch die beiden Leitungen sind getrennt.

Auch das Nadelventil zeigt die heute gebräuchliche Form; Luft- und Brennstoffeintritt findet aber nicht direkt in das Nadelgehäuse statt, sondern

noch seitlich durch Bohrungen im Zylinderdeckel. Zu diesem Zweck ist das Nadelgehäuse konisch in seinem Sitz eingeschliffen.

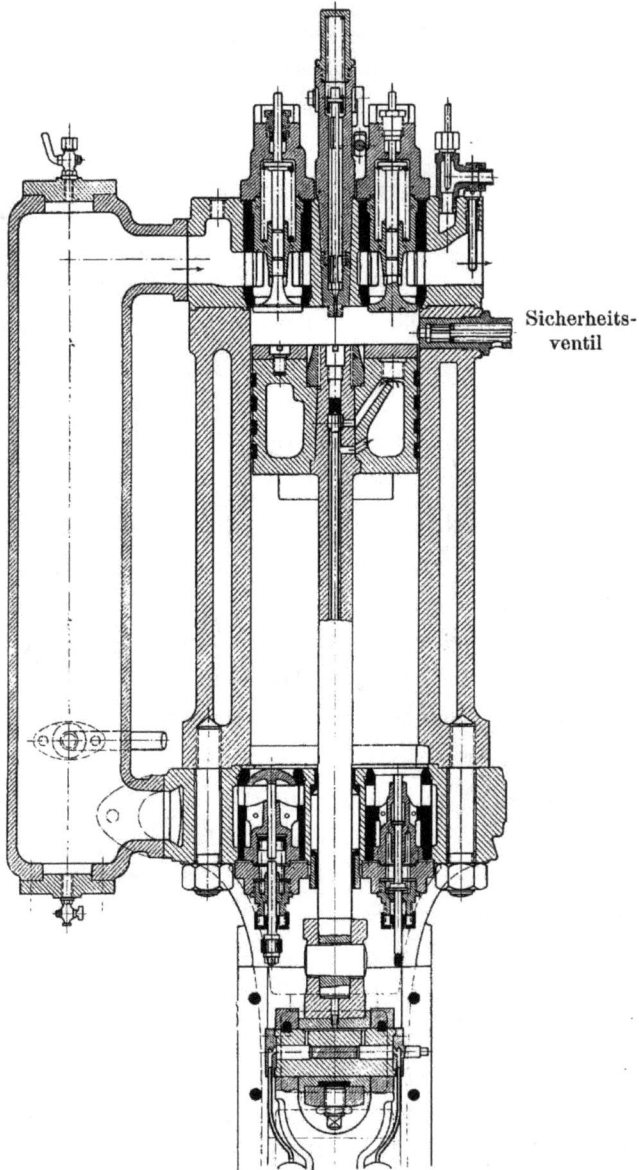

Sicherheits-
ventil

Fig. 23.

Bei späteren Ausführungen wurde wieder zu der wesentlich praktischeren
Konstruktion der Fig. 15 zurückgekehrt, bei welcher die Leitungen direkt am

Düsengehäuse, außerhalb des Zylinderdeckels einmünden, wodurch unkontrollierbare Dichtungsstellen vermieden sind.

Fig. 26 zeigt an dem Nadelgehäuse die sogen. Drehstopfbüchse, wie sie später in verbesserter Form an den schwedischen und Sulzerschen Motoren und auch an vielen belgischen Motoren ausgeführt wurde und heute noch ausgeführt wird.

Die Steuerung ist ebenfalls in typischer Weise am oberen Teil des Zylinders angebracht und betreibt gleichzeitig die an einem Steuerwellenlager angeschraubte Brennstoffpumpe, welche dadurch ganz in die Nähe der Düse versetzt ist. Auch Anlaßventil und Sicherheitsventil haben die heute allgemein übliche Gestalt.

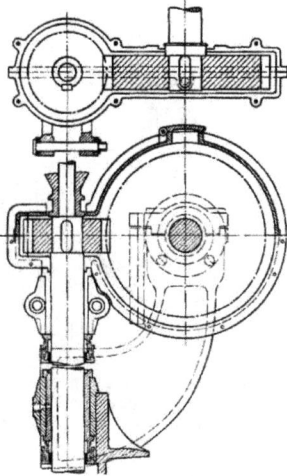

Fig. 24.

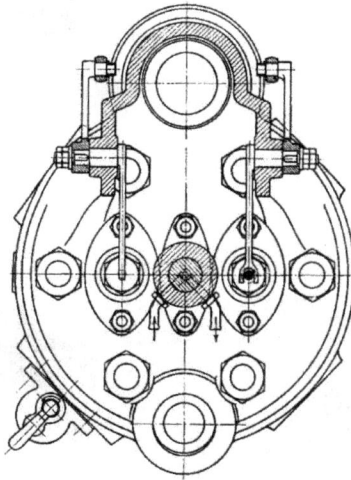

Fig. 25.

Die Maschine hat, wie die ersten Versuchsmaschinen, eine Kreuzkopfführung. (9)

Der untere Teil des Arbeitszylinders ist mit Deckel versehen und enthält das Saug- und Druckventil der Ladepumpe (s. Fig. 23 und 25); beide gesteuert, wegen der großen Tourenzahl, welche automatische Ventile dieser Größe nicht mehr gestattet; diese Steuerung ist aus Fig. 27 erkennbar, vergl. D. R. P. Nr. 95680 vom 6. März 1896.

Die Druckleitung der Spülpumpe ist durch ein Zwischengefäß mit dem Eintrittsventil des Verbrennungsraumes verbunden (s. Fig. 23).

Der Luftpumpenzylinder ist in einen seitlichen Anguß am Motorgestell eingesetzt (s. Fig. 26), der Luftpumpenkolben wird durch Balancier und Lenker

von der Pleuelstange aus angetrieben und hat 6 feine eingesprengte Stahlringe
als Dichtung.

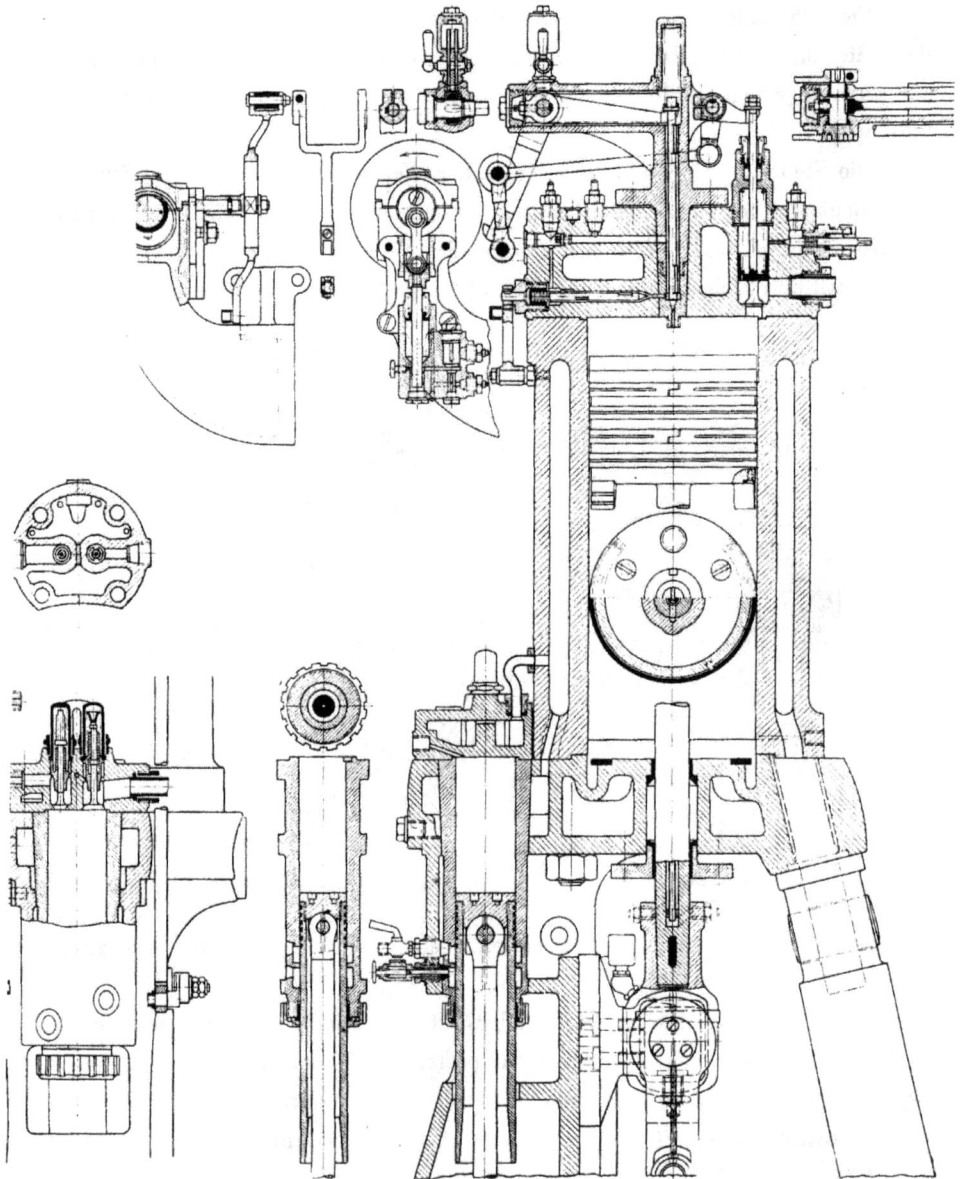

Fig. 26.

Fig. 26 zeigt auch den Bau der Luftpumpenventile. Die Einblasepumpe
saugt ihre Luft aus dem Zwischengefäß an, eine Methode, die heute bei Zweitakt-
maschinen allgemein Anwendung findet, und sogar neuerdings patentiert wurde.

Fig. 28 zeigt das Anlaßgefäß zu diesem Motor, welches auch gleichzeitig als Einblaseflasche diente. Dies war die erste aus einem Stück geschweißte Stahlflasche für Dieselmotoren. (Wie erinnerlich, war das frühere Anlaßgefäß ein genietetes Rohr mit Gußdeckeln, s. Fig. 3.)

Am Ventilkopf dieser Flasche ist links ein sog. Sicherheitsplatzventil zu sehen, wie sie damals bei den Kohlensäurekompressoren in Anwendung waren. Es bestand, s. Fig. 28 a, aus einer gußeisernen Scheibe, die auf eine ganz bestimmte, mit dem Mikrometer kontrollierte Dicke abgedreht war. Diese Dicke war auf Grund sorgfältiger Versuche mit der Wasserdruckpumpe so festgestellt, daß die Scheibe bei einem bestimmten Drucke platzte. In der Mitte war die

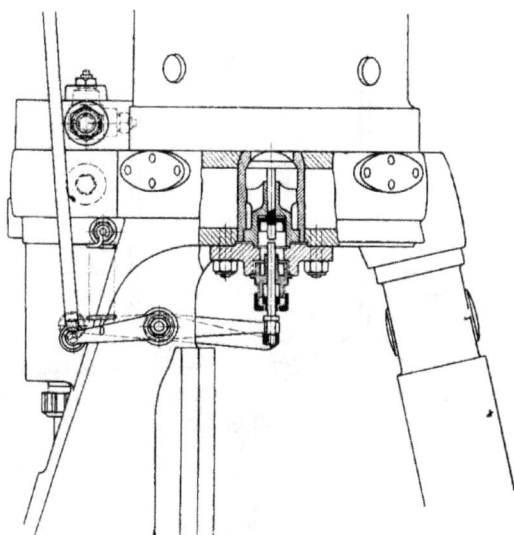

Fig. 27.

Scheibe hutförmig verdickt, so daß der Bruch nur durch Abscherung auf einen genauen Kreisumfang stattfinden konnte. Wenn die Stangen, aus welchen diese Scheiben gedreht wurden, in horizontaler Lage gegossen waren, gelang es, die 30 oder 40 Platzventile, die aus einer Stange herausgestochen wurden, so gleichmäßig herzustellen, daß der Druckunterschied beim Platzen nur zwischen 1—2 Atm. schwankte. Derartige Platzventile wurden in der Versuchszeit an allen gefährlichen Stellen angebracht, z. B. am Düsengehäuse Fig. 15, auf dem äußeren Vergaser und am Kiestopf Fig. 12 usw., häufig auch am Zylinder selbst, wenn dieser nicht, wie in Fig. 23, mit einem richtigen Sicherheitsventil versehen war.

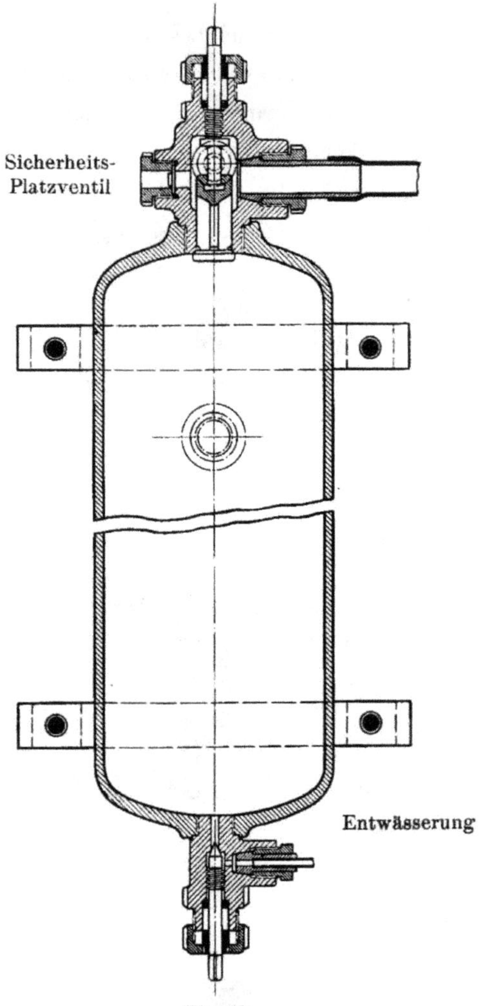

Sicherheits-
Platzventil

Entwässerung

Fig. 28.

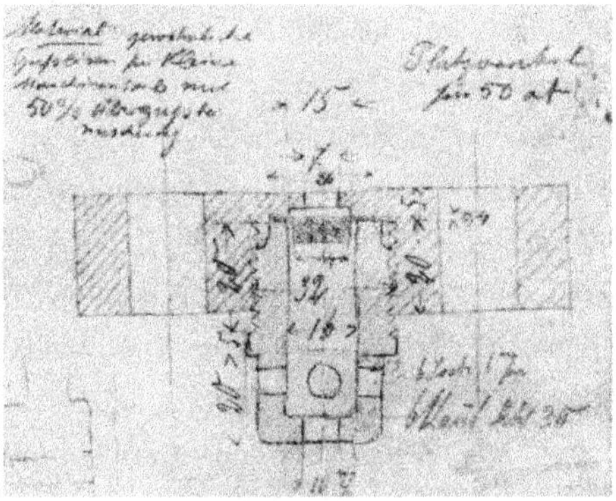

Fig. 28 a.

Zur weiteren Sicherung wurden in die gefährlichen Leitungen Kiestöpfe nach Fig. 12 eingeschaltet oder die Leitungen selbst mit Metalldrehspänen ausgefüllt, um das Zurückschlagen der Flamme in die Gefäße zu verhindern.

Durch ausgiebige Anwendung solcher Vorsichtsmaßregeln gelang es während der fünfjährigen Versuchsperiode jeden, auch den kleinsten Unfall, zu vermeiden. Wie notwendig diese Vorsicht war, ging aus dem großen Verbrauch an Platzventilen hervor. Ein Teil der Laboratoriumswand, auf welche absichtlich die Schußrichtung der Platzventile hingerichtet wurde, war mit Schußlöchern ganz besät.

Vorsichtshalber wurde auch an dieser Maschine der Kurbelzapfen wassergekühlt, da mit den hohen Kompressions- und Verbrennungsdrucken noch ungenügende Erfahrungen betr. zulässiger Lagerdrucke und Reibungsarbeiten vorlagen.

Es wurden in Augsburg zwei Motoren nach diesen Zeichnungen gebaut, einer als Demonstrationsmaschine für Augsburg selbst, der zweite als Muster für Krupp Grusonwerk Buckau, woselbst die Dieselmotorfabrikation aufgenommen werden sollte.

Das Journal enthält zunächst einige Bemerkungen über die Fabrikationserfahrungen. 25. Juli 1896. Druckprobe des neuen Zylinders auf 80 Atm., alles sofort gut. Nach der Bearbeitung zeigen sich doch einige undichte Stellen, woraus die Regel: „Wasserdruckprobe erst nach Vordrehen der Gußstücke machen.“

Genau gleiche Erfahrungen mit dem Luftpumpendeckel.

Wasserdruckprobe von zwei Zylinderdeckeln (es wurden vorsichtshalber zwei Stück gegossen), auf 50 Atm. Beide sind porös im Gehäuse des Anlaßventils und unbrauchbar. Abänderung der Kernzeichnung und Weglassung verschiedener Gußanhäufungen. Abguß eines neuen Deckels mit hohem, konischen, nach oben erweiterten Aufguß auf der inneren Deckelfläche. Dieser Guß gelingt tadellos.

Es mußten fünf Deckel gegossen werden, um die richtige Zeichnung und die richtige Gußmethode zu finden; viele Beratungen mit dem Gießmeister zum Auffinden der richtigen Gußmethode und Gußmischung.

Kolbenprobe: Guß ebenfalls undicht.

Es wurden für die laufende Fabrikation nunmehr endgültige und richtige Einrichtungen für die Wasserdruckproben gemacht, ferner Federwagen zum laufenden Abwiegen der Federspannungen und Apparate zur Messung der Spannung der Kolbenringe eingerichtet.

Im Herbst 1896 zog ich von Berlin nach München, um näher an Augsburg zu wohnen und die Konstruktions- und Werkstattarbeiten besser verfolgen zu können.

Am 6. Oktober 1896 ist der Motor endlich montiert. Die Anfertigung (ohne Herstellung der Zeichnungen) hatte fünf Monate gedauert.

16. Oktober erster Betrieb von Transmission. Es werden zunächst die Spülpumpe und die Einblaseluftpumpe geprüft und zahlreiche Korrekturen an Ventilen, Kolbenschmierungen usw. vorgenommen.

Die Kolbenschmierung, welche, wie bei allen früheren Versuchsmaschinen, als Schleppringschmierung mit Oelgefäß im unteren Zylinderdeckel ausgebildet war, erweist sich als unbrauchbar. Diese Methode, welche sich beim unten offenen Motor gut bewährt hatte, ist unbrauchbar bei dem geschlossenen Zylinder, weil die durch den Taucher mitgeschleppten Ölmengen infolge der heftigen Luftströmungen fortgeblasen werden, während beim offenen Zylinder diese Luftströmungen nicht bestehen.

Es wird eine neue Kolbenschmierung nach Fig. 29 angefertigt, und zwar mittels einer Mollerup-Druckpumpe, welche das Öl in sehr kleinen Mengen unter Druck durch ein Ringrohr an vier Stellen nach Fig. 30 zwischen die Kolbenringe direkt einpreßt, eine Methode, welche von da ab als Schmiermethode der Dieselmotorkolben bestehen bleibt. Genaue Erprobung dieser Kolbenschmierung, Messung der Ölförderung und Betriebsversuche bei verschiedenen Fördermengen Journal: ,,Die Öldichtung zwischen den Kolbenringen ist erreicht.''

Es dringt kein Öl mehr nach dem Verbrennungsraum. Dagegen sammeln sich große Ölmengen im Luftzwischengefäß; Anbringen eines Ölabscheiders in demselben zur Vermeidung von Ölexplosionen und daraus möglichen Unglücksfällen.

Dieser Ölabscheider allein genügt jedoch nicht. Es müssen im Gefäß selbst Abscheidevorrichtungen in Form von Prellwänden angebracht werden nach Fig. 31. Es wurde dieser Frage der Ölabscheidung im Zwischengefäß die größte Aufmerksamkeit zugewendet, ehe gewagt wurde, den Motor in Betrieb zu setzen.

Journal: ,,Jetzt gelangt die Luft vollkommen ölfrei zur Nachkompression und in die Luftpumpe.'' Jetzt erst sind also Explosionen ausgeschlossen. Es wurden an dieser Ölabscheidung späterhin noch weitere Verbesserungen vorgenommen, auf die hier nicht weiter eingetreten werden soll.

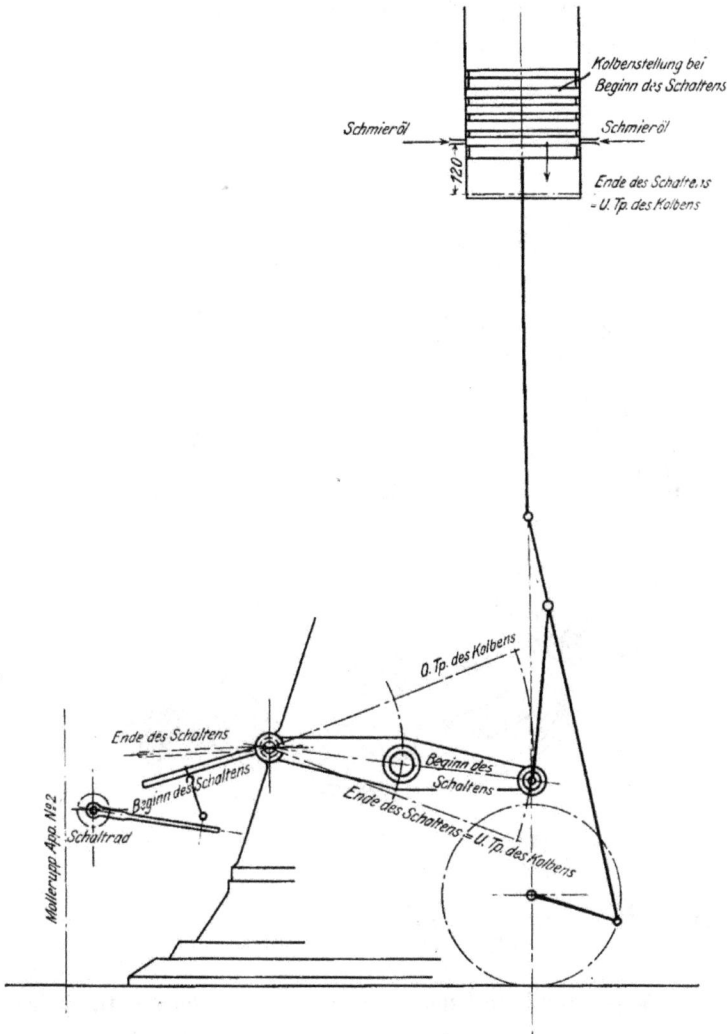

Fig. 29.

Fabrikationserfahrungen aus dieser ersten Betriebszeit. Warmlaufen der Bronzeschalen der Hauptlager durch Verziehen derselben, Ersatz durch Gußschalen mit Weißmetall. Journal: „Niemals Bronzelagerschalen für Hauptlager anwenden."

Klemmungen der zu genau gearbeiteten Ventilspindeln, dieselben müssen mit etwas Spiel gearbeitet werden.

Versuche der Schalldämpfung beim Einsaugen durch Saugkörbe, Saugtöpfe, enge Spalte und Variation der Einsaugequerschnitte. Messung der volumetrischen Wirkungsgrade, der Ventilwiderstände an Spül- und Einblasepumpe

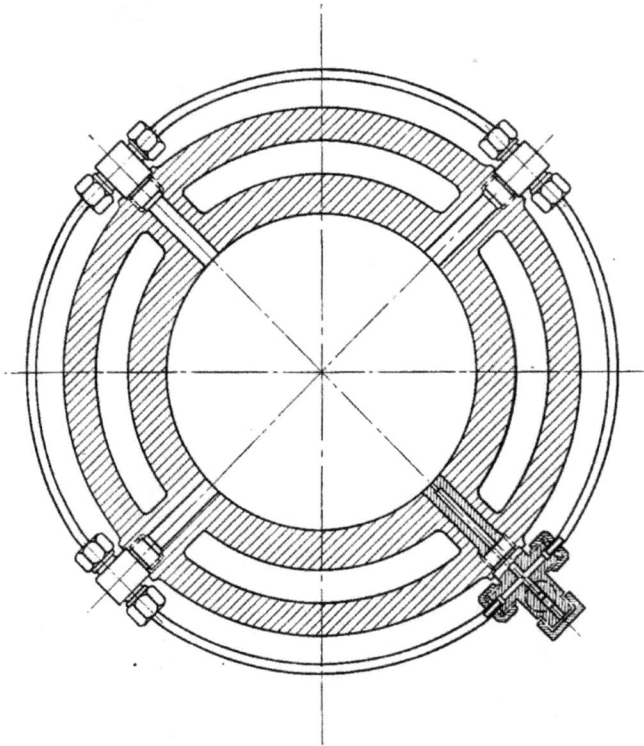

Fig. 30.

vermittels schwacher Indikatorfedern. Untersuchung der Ventilschläge, Anfertigung von Puffern, von stärkeren Ventillaternen, weil die alten sich verbogen, verschiedene Verbesserungen an der zwangläufigen Steuerung der Ladepumpenventile.

Genaues Studium der Steuerung der Hauptventile und der Nadel und Feststellung der Steuerkurven. Reduzierung des Nadelhubes von 8 mm auf 4 mm und dadurch Beseitigung des heftigen Schlages. Die Steuerung arbeitet jetzt „fast" lautlos.

Bei der Erprobung der Petroleumpumpe entstehen Einsaugeschwierigkeiten. Regel: Das Petroleum muß der Pumpe stets unter Druck bzw. Gefälle zufließen. Zahlreiche Versuche der Kolbenpackung dieser Pumpe mit Leder, Metall, Baumwolle usw.

Anlaßversuche gelingen sofort. Korrektur des Anlaßventils, welches die Luft zu stark drosselt.

Wie bereits früher erwähnt wurde, hatte dieser Motor anfangs nur eine Anlaßflasche, die auch als Einblaseflasche diente. Es erwies sich jedoch als zweckmäßig, die Anlassung von der Einblasung zu trennen, und es entstand jetzt die erste selbständige Einblaseflasche nach Fig. 32, die auch schon im D. R.-P. Nr. 82168 v. Nov. 1893 erwähnt ist; dieselbe war aus Bronze gegossen, da derartig kleine Flaschen aus geschweißtem Material damals nicht gemacht wurden. Die Fig. 33 zeigt die Verbindung von Anlaß- und Einblaseflaschen mit Rückfülleitung und Entwässerung, wie sie bis heute noch typisch geblieben ist.

Die Wirkung der Vorkompression auf den Verbrennungsvorgang wird geprüft und ergibt sehr große Diagramme, z. B. Nr. 35, welches 10,6 kg/qcm mittleren Druck zeigt. Bekanntlich ist es heute noch ein Bestreben bei den Zweitaktmotoren, die Diagramme gegenüber den Viertaktmotoren durch Stauung der Ladeluft im Zylinder zu vergrößern.

Diese Diagramme waren sogar viel zu groß, der Enddruck der Expansion ist noch 5 bis 6 Atm., und es entsteht daraus ein bedeutender Verlust durch un-

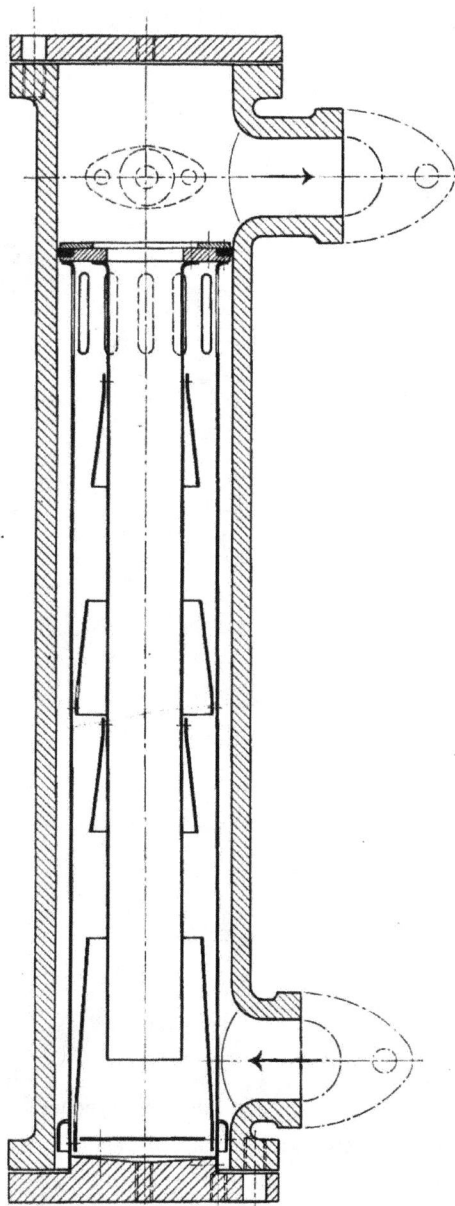

Fig. 31.

5*

vollständige Expansion, wodurch die Maschine unökonomisch wird. Aber das Prinzip der Vergrößerung des Diagramms war damals schon durchgeführt.

Es wird erkannt, daß zu viel Luft vorhanden ist und die Steuerung wird so abgeändert, daß man die Luftmenge verändern kann, und zwar durch teilweises Offenhalten des Saugventils der Ladepumpe beim Rücklauf des Kolbens. Selbst-

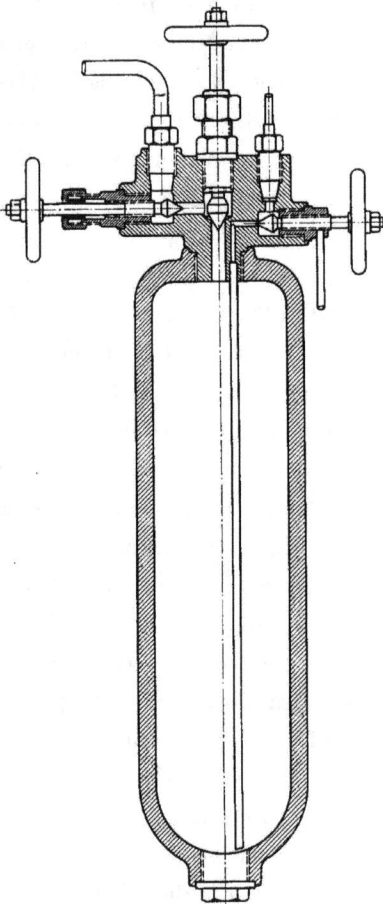

Fig. 32.

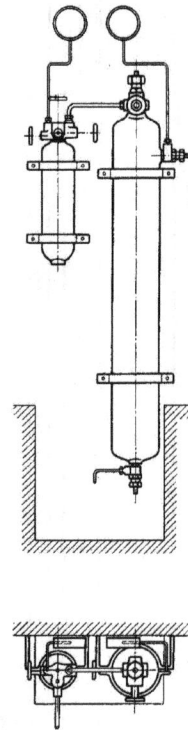

Fig. 33.

verständlich erfordert jede veränderte Luftmenge jedesmal eine entsprechende Veränderung des Kompressionsraumes; zu diesem Zwecke werden auf den Kolben Platten von verschiedener Dicke aufgesetzt.

12. Dezember 1896. Versuche mit einem anderen Brenner nach Fig. 34, dem sog. Streubrenner. Das Diagramm gibt 9,5 kg ohne Rußbildung.

Bisher hat die Maschine noch einen sogen. Petroleumtopf unter Druck, in welchem von der Petroleumpumpe aus ein konstantes Niveau erhalten wird, während die Regulierung an der Düse mittels Tropfventils von Hand vor sich geht (vgl. Fig. 19). Am 12. Dezember 1896 steht im Journal: „Wenn es gelingt, mit der Pumpe direkt die Petroleummenge zu regulieren, so kann dieselbe direkt in die Düse pumpen und der Petroleumtopf mit seinen Leitungen, Hähnen und Komplikationen fällt weg."

Infolgedessen Konstruktion eines Regulierventils an der Petroleumpumpe nach Fig. 35 in Form eines kleinen Überlaufventils.

Messung und graphische Darstellung der bei verschiedenen Stellungen dieses Regulierventils geförderten Brennstoffmenge; die Vorrichtung leidet an dem Übelstand, daß der größte Querschnitt des Über- laufes nur 1 mm Durchmesser hat und daß diese Art der Regelung einen absolut konstanten Ein- blasedruck voraussetzt, da bei variablem Druck die durch den gleichen Querschnitt zurücklaufenden Mengen sich verändern. Aus dieser Wahrnehmung folgt die Anfertigung eines automatischen Regulier- ventils für den Einblasedruck an der Einblase- pumpe. Dieses Ventil reguliert die eingesaugte Luftmenge mit Hilfe einer unter dem Druck der Einblaseflasche stehenden Membrane (Vorführung der Zeichnung heute ohne Interesse).

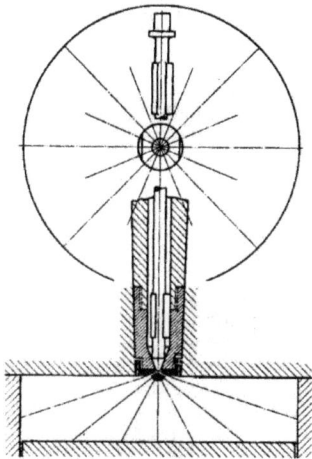

Fig. 34.

Erprobung dieses Regulierventils. Es reguliert den Einblasedruck sehr genau, ist aber empfindlich und zu Störungen geneigt. 30./31. Dezember. Betrieb des Motors mit diesen neuen Einrichtungen, also mit P e t r o l e u m f ö r d e r u n g v o n d e r P u m p e a u s d i r e k t i n d i e D ü s e und automatischer Regelung des Einblasedruckes. Die Arbeit ist gut. Beim Anlassen treten Schwierig- keiten auf. Es zeigt sich, daß es notwendig ist, v o r d e m A n l a s s e n d i e P e t r o l e u m l e i t u n g b i s o b e n h i n z u f ü l l e n. Herstellung einer Vorrichtung hierfür. Betrieb jetzt ausgezeichnet. Zündung erfolgt beim Anlassen jedesmal sofort bei der ersten Einspritzung.

Es ist zu erwähnen, daß die Einblasepumpe an dieser Maschine einstufig gebaut wurde, trotzdem an den vorhergehenden Motoren die extra stehende Ein- blasepumpe z w e i s t u f i g war. Für die einstufige Anordnung war aber mein Wunsch nach äußerster Einfachheit des Motors maßgebend, da ich fürchtete, daß die allmählich jetzt auftretenden Interessenten in einer zweistufigen Pumpe eine zu große Komplikation der Maschine erblicken würden.

21. Dezember 1896. Brief an Krupp-Gruson, in welchem alle Fabrikations- und Betriebserfahrungen geschildert werden mit dem Vorschlag, meinen Besuch wegen Durchsicht der dortigen Konstruktionszeichnungen noch zu verschieben, um alle Erfahrungen erst voll und ganz zu besitzen. Der Schluß dieses Briefes lautet: „Summa summarum werden wir gegen Ende Januar 1897 einen vollständig reifen, schönen und ökonomischen Motor haben, mit welchem sicherlich der Sieg unser ist."

Es wurden demnach an dieser Maschine systematisch und gründlich alle Einzelheiten der Konstruktion, Fabrikation und Montage festgestellt, alle Teile der

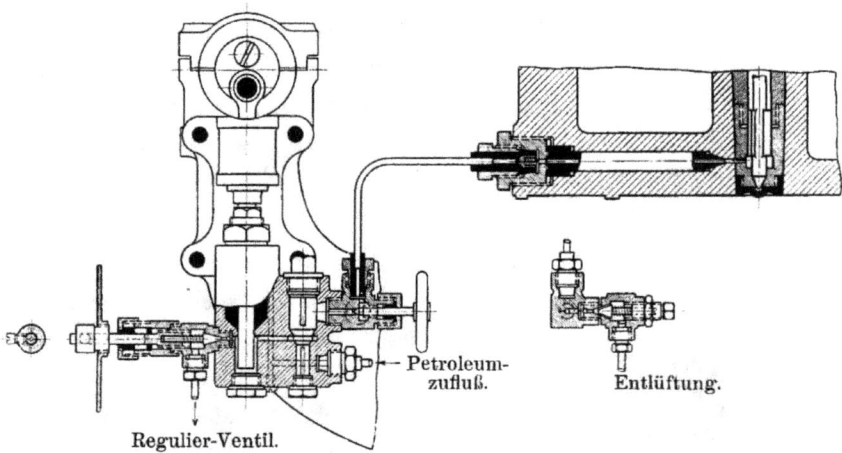

Fig. 35.

Maschine kontrolliert und wo nötig korrigiert und so feste Unterlagen für die beginnende Fabrikation gewonnen.

Der Erfolg war, daß anfangs Dezember 1896 die Maschine bei ihrer ersten Ingangsetzung auch s o f o r t tadellos lief und große richtige Diagramme ergab.

12. Januar 1897. Bremsversuch bei voller Vorkompression, Regulierung von Hand am Überlaufventil der Petroleumpumpe (Fig. 35).

Versuchsresultate bei voller Leistung:

therm. Wirkungsgrad . . . . 24 %,

mech.   „   . . . . 65 „,

wirtschaftl. „   . . . . 15,7 „,

Petroleumverbrauch pro PSi-Stunde . . . 260 g,

„   „ PSe- „ . . . . 396 „.

Da noch ein gewisser Hang zu Rußbildung besteht, Einsatz eines Zerstäubers in die Düse nach Fig. 36.

Dieses Mal wird aber der Zerstäuber ganz unten in die Düse eingebaut, der kleine Petroleumkanal führt den Brennstoff über diesen Zerstäuber, so daß er beim Einblasen durch den Zerstäuber hindurch getrieben und aufs feinste zerstäubt wird.

Der Zerstäuber selbst besteht aus 2 horizontalen Scheiben, welche im Kreise mit einer Anzahl feiner Löcher durchbohrt sind, und zwischen welchen feines Drahtgewebe aufgewickelt oder in ausgestanzten Ringen aufgereiht ist.

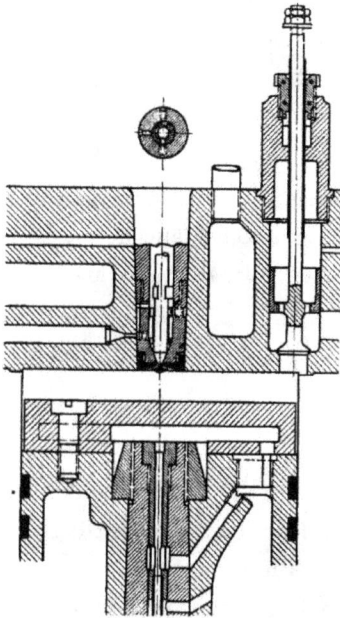

Messung des Fassungsvermögens diverser Drahtgewebe per Quadratzentimeter Fläche. Journal: „Zunächst zeigt jetzt der Auspuff einen total anderen Charakter. Er ist bei kleinen und mittleren Diagrammen unsichtbar, bei großen Diagrammen weißlich, dampfartig, kaum gefärbt." Wirkung des Zerstäubers in der Düse großer Fortschritt, Diagramm 8 kg bei vollständig unsichtbarem Auspuff, was wir bisher überhaupt noch nicht erreicht hatten.

28. Januar 1897. Bremsversuch ohne Vorkompression bei Regulierung von Hand „außerordentlich gute Resultate".

Fig. 36.

29. Januar 1897. Bericht an Krupp, enthält alle Versuchsdaten, nämlich:

	bei voller Leistung	bei halber Leistung
therm. Wirkungsgrad	31,9 %	38,4 %
mech. „	75,6 ,,	61,5 ,,
wirtschaftl. „	24,2 ,,	23,6 ,,
Brennstoffverbrauch pro PSi-Std .	195 g	162 g
„ „ PSe- „ .	258 ,,	264 ,,

Dieser Versuch, verglichen mit dem vorhergehenden vom 12. Januar, entscheidet sogleich die Frage der Wirkung der Vorkompression; sie ist ungemein schädlich und wird daher von jetzt ab verlassen werden. Damit entsteht der normale Viertaktmotor mit direkter Ansaugung aus der Atmosphäre, wie er heute noch allein gebräuchlich ist.

Versuch, ohne Einblaseflasche zu arbeiten, d. h. A n l a ß - u n d E i n -
b l a s e f l a s c h e z u v e r e i n i g e n , geht sehr gut. Es genügt eine einzige
Umdrehung mit Anlaßluft, worauf sogleich Überspringen auf Brennstoffbetrieb
stattfindet. Diese erste Maschine lief von da ab, und zwar mehrere Jahre lang,
überhaupt nicht mehr anders; aus praktischen und Sicherheitsgründen hat man
aber später bei den verkauften Maschinen davon abgesehen und Anlaß- und Einblaseflasche wieder getrennt. Journal: ,,Der Motor ist, so wie er abgestellt ist, ohne
weiteres zum nächsten Anlassen bereit, ohne jede Vorbereitung.''

Die Regulierung der Petroleumpumpe durch Überlauf ist prinzipiell unrichtig. Journal: ,,Bei einer bestimmten Stellung des Regulierventils sollte die
in die Maschine geförderte Menge konstant sein, gleichgültig, ob die Maschine
schnell oder langsam geht.'' Diese Bedingung erfüllt die jetzige Regulierung nicht,
weil sie bei abnehmender Geschwindigkeit der Maschine, also bei längerer Auslauf-
zeit, durch den gleichen Querschnitt mehr auslaufen läßt als bei schnellerem
Gang.

Diskussion der zwei Möglichkeiten:

1. variabler Pumpenhub. Wird nach früheren Erfahrungen als zu schwierig
   befunden und verworfen;

2. v ö l l i g e r Abschluß des Überlaufventils an variablen Stellen.

Letzteres wird ausgeführt nach Fig. 37. Der völlige Abschluß des Überlaufventils an verschiedenen Stellen wird dabei mittels eines Keiles bewirkt, der unter
dem Einfluß des Regulators steht. Journal: ,,Diese Regulierung erweist sich als
ungemein präzise und ist mittels des Keiles auf einfachste Weise erreichbar.''
Genaue Messungen der Fördermengen und graphische Tabellen dazu.

Im Laboratorium werden die Einrichtungen für Heizwertbestimmungen
von Brennstoffen getroffen, und zwar mit Junkers Kalorimeter; für letzteren muß
jedoch durch viele Versuche erst ein Brenner für flüssige Brennstoffe konstruiert
werden, weil dieser Apparat damals nur für Gasversuche verkauft und gebraucht
wurde, und weil die Verbrennung schwerer Oele in Lampen sehr schwierig ist.

Jetzt beginnen die Besuche von Interessenten und Sachverständigen. Als
Erster trifft am 1. Februar 1897 Herr Dyckhoff aus Frankreich ein. Die vor ihm
gemachten Bremsversuche ergeben noch bessere Resultate als am 28. Januar,
nämlich einen wirtschaftlichen Wirkungsgrad von 26,6 %. Journal: ,,Das ist
soviel, als die allerbesten Gasmotoren unter besonders günstigen Umständen als
t h e r m i s c h e n Wirkungsgrad erreicht haben (Crossley) bei Benutzung von
Leuchtgas.''

Petroleumkonsum 234 gr pro PSe.

Thermischer Wirkungsgrad 34—38 %.

Spezifische Leistung 177 PS, das ist doppelt soviel wie andere Maschinen.

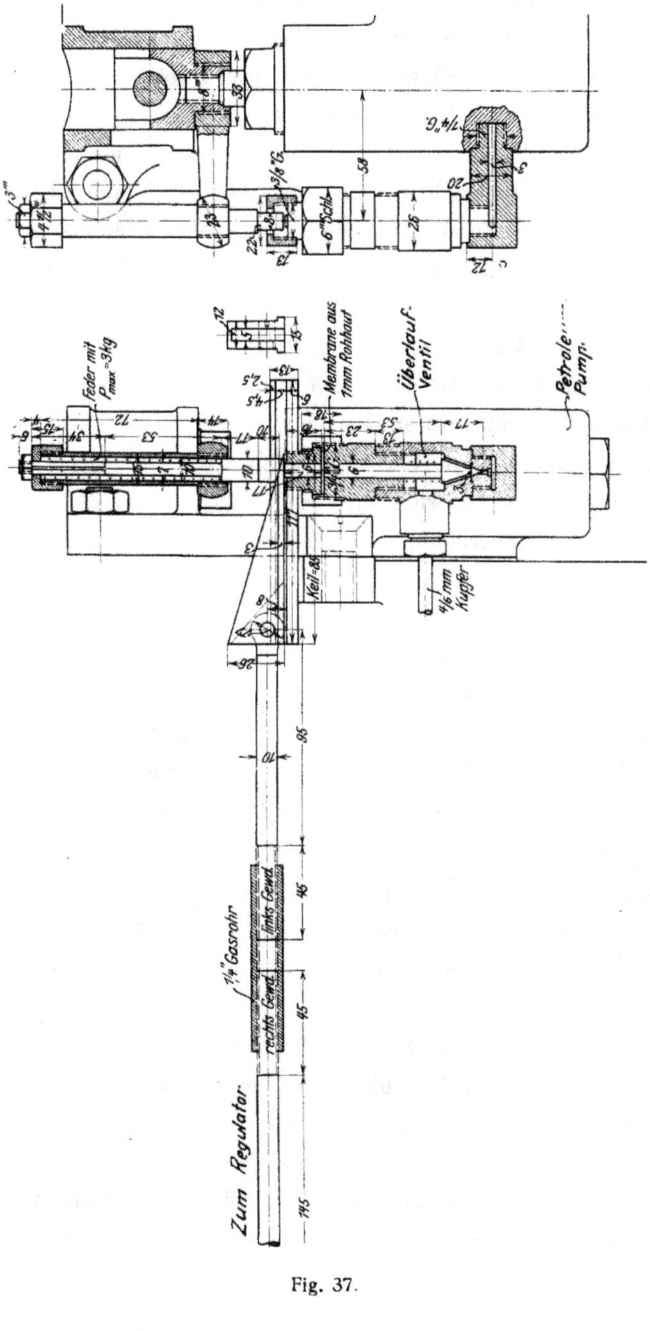

Fig. 37.

Journal: „Mit diesen Resultaten kann sich kein bestehender Motor mehr messen."

„Innere Besichtigung, alles in schönster Ordnung, kein Anflug von Ölkohle und dergl. Brenner noch ganz gut, alle Löcher ganz offen."

4./5. Februar 1897. Bremsversuch vor Herrn Gillhausen aus Essen und den Delegierten der Gasmotorenfabrik Deutz: den Herren Direktor Schumm und Ingenieur C. Stein. Resultat identisch mit den Versuchen vom 1. Februar. Journal: „Was im Protokoll nicht steht, ist, daß die Deutzer Herren den Motor in alle möglichen ungünstigen Situationen brachten, bei welchen andere Motoren gewöhnlich den Dienst versagen, daß der Dieselmotor jedoch alle Proben siegreich bestanden hat. Insbesondere wurde ein Leistungs- und Bremsversuch, beginnend mit ganz kalter Maschine, gemacht, also in ganz abnormalen Verhältnissen. Ferner wurde die Bremslast plötzlich von Volleistung auf 0 entlastet und wieder auf Voll, ohne daß man nur eine Änderung der Geschwindigkeit des Motors bemerken konnte. Man arbeitete mit Austrittstemperaturen des Kühlwassers bis auf 17° C herunter. Die Brennstoffzufuhr wurde oft mitten im Betrieb plötzlich abgesperrt, dann wieder geöffnet, nichts konnte den ruhigen, gleichmäßigen Gang des Motors beeinflussen und zuletzt wurde anerkannt, daß der Motor nicht nur als vollkommen konstruktiv entwickelt anzusehen sei, sondern daß er gegenüber den Explosionsmotoren selbst mit Gasbetrieb einen Fortschritt von ca 50 % an Brennstoffkonsum und Zylinderdimensionen bedeute; ferner wurde der ungeheure Vorteil des in seiner Fläche regulierbaren Diagramms anerkannt", usw.

Auf Grund dieser Versuche begannen Lizenzverhandlungen, die am 19. Juli 1897 zur Unterzeichnung eines Vertrages zwischen Deutz und dem Konsortium Maschinenfabrik Augsburg-Krupp führten. Eine Reihe anderer Lizenzverträge in Deutschland folgte dann in kurzen Pausen aufeinander.

12./13. Februar. Bremsversuch vor Gebrüder Sulzer. Anwesend die Herren: Sulzer-Imhoof, Sulzer-Schmidt, Ingenieur Eric Brown. Gleiche Ergebnisse.

Die Fig. 39 zeigt die Versuchsanlage ungefähr so, wie sie zur Zeit dieser Versuche eingerichtet war.

17. Februar 1897. Professor Schröters offizieller Versuch. Fig. 38 ist eine Photographie der Maschine genau in dem Zustande, wie sie zu diesen Versuchen benutzt wurde, insbesondere mit der auf dem Schwungrade aufliegenden Bremse. Die Resultate waren ungefähr dieselben, wie oben mehrfach erwähnt. Nr. 36—39 sind vier charakteristische Diagramme dieser Versuche, und zwar: Nr. 36 Regulierdiagramm, Nr. 37 volle Leistung, Nr. 38 halbe Leistung, Nr. 39 Luftpumpe.

Aus dem Berichte Schröters an das Konsortium Krupp-Augsburg seien hier einige Stellen angeführt:

Fig. 38.

„Nach dem Gesamtergebnis der Versuche und nach den beim Betrieb des Motors gemachten Wahrnehmungen kann ich das Urteil über denselben dahin

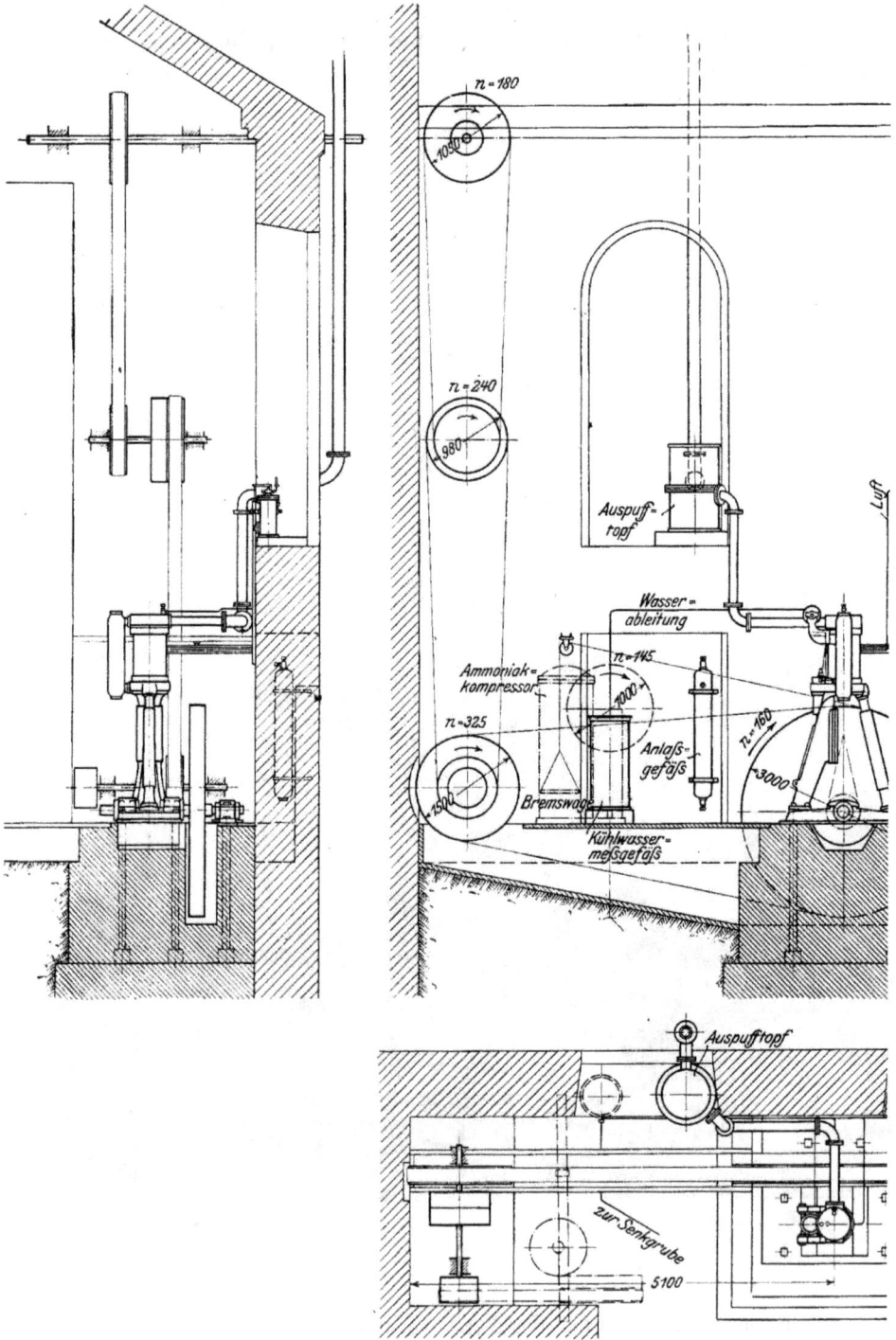

Fig. 39

zusammenfassen, daß derselbe schon in seiner derzeitigen, noch nicht alle Vorteile realisierenden Ausführung als Einzylinder-Viertaktmotor an der Spitze aller Wärmemotoren steht, insofern er bei einer Effektivleistung von 18—20 PS pro effektive Pferdestärke und Stunde bei normaler Tourenzahl rund 0,24 kg Petroleum verbraucht, entsprechend einer Umsetzung von 26,2 % des Heizwertes in effektive Arbeit, während bei halber Belastung die betr. Zahlen 0,277 kg bzw. 22,5 % erreichen. Der mechanische Wirkungsgrad bei voller Leistung ist 75 %; der Prozentsatz der in indizierte Arbeit verwandelten Wärme im Verhältnis zur disponiblen Wärme ist bei Vollbelastung 34,2, bei halber Belastung 38,4 %. Die ungemein einfache Lösung der Frage der Regulierung gestattet eine Veränderung der Belastung in beliebigen Grenzen; mit ähnlich kleinen Abstufungen, wie sie die Dampfmaschine aufweist, deren so schätzenswerte Elastizität in der Beanspruchung der Motor im vollen Maße besitzt. Daß derselbe schon in der vorliegenden Gestalt eine durchaus marktfähige Maschine darstellt, beweist der ganze Habitus und Gang des Motors, an dem die erstaunliche Leichtigkeit des Anlassens aus ganz kaltem Zustande usw. noch besonders hervorzuheben ist. Als eine hervorragend glückliche Lösung einer so schwierigen Frage muß die Art und Weise der Brennstoffzufuhr mittels Einblasen unter Luftdruck bezeichnet werden, wie denn überhaupt die Ausbildung der Details von ebenso großer Sachkenntnis wie Sorgfalt und konstruktivem Geschick zeugt."

Professor Schröter hat über diese Versuche auf der Kasseler Hauptversammlung des Vereins deutscher Ingenieure am 16. Juni 1897 Bericht erstattet*). Es wird hier auf diese Veröffentlichung verwiesen. Nur einige Sätze aus derselben sollen in Erinnerung gebracht werden: „daß wir es hier mit einer durchaus marktfähigen, in allen Einzelheiten vollkommen durchgearbeiteten Maschine zu tun haben; ich gebe der Hoffnung Ausdruck, daß dieser Motor sich als Ausgangspunkt einer der Industrie zum Segen gereichenden Entwicklung bewähren möge."

Es ist mir ein Bedürfnis, hier zu erklären, daß Herr Professor Schröter den seltenen Mut gehabt hatte, bloß auf Grund meiner theoretischen Broschüre und unseres mündlichen Gedankenaustausches öffentlich für die Richtigkeit der erfinderischen Grundgedanken des neuen Arbeitsverfahrens einzutreten zu einer Zeit, da es noch nicht verwirklicht war. Es war mir daher eine große Genugtuung, daß gerade er in wissenschaftlich einwandfreier Weise auch den Erfolg

---

*) S. Zeitschrift des Vereins deutscher Ingenieure 1897. S. 845. Diesels rationeller Wärmemotor. Zwei Vorträge von Rudolf Diesel und M. Schröter.

verkünden konnte. Ihm gebührt meine Dankbarkeit im gleichen Maße wie den industriellen Förderern der Sache.

Dieser Versuchsmotor wurde später im Deutschen Museum in München genau in dem Zustand aufgestellt, in welchem Professor Schröter seine offiziellen Versuche damit machte (vgl. Fig. 38). Die Vorgänger dieses Motors und die zahllosen Versuchsobjekte, die sich im Laufe der Jahre zu einer großen Sammlung angehäuft hatten, sind nicht aufbewahrt worden.

Das Laboratorium hatte demnach in ungefähr fünfjähriger Tätigkeit seine Aufgabe gelöst, die Erfindungsgedanken zu verkörpern und die grundlegenden Gesetze und typischen Konstruktionsformen des Dieselmotorbaues so festzulegen, daß die Fabriken den Bau der Maschinen aufnehmen konnten (vgl. S. 00).

Die Aufgabe des Erfinders war damit erfüllt.

Nun hatte die Arbeit des Fabrikanten einzusetzen, d. h. die Ausbildung der Fabrikationsmethoden, die Vereinheitlichung der konstruktiven Formen mit Rücksicht auf die Serienfabrikation und damit die Herabsetzung der Herstellungspreise, ferner die allmähliche Vergrößerung der Dimensionen und die Ausbildung der verschiedensten Motortypen, mit einem Wort, die „Entwicklung" der Erfindung. Diese Aufgaben können nicht mehr von einem Einzelnen in stiller Laboratoriumsarbeit gelöst werden, sondern nur von den Fabriken selbst in ihrem lebendigen Werkstattbetrieb und unter dem fortwährenden Druck der Bedürfnisse der Praxis und der jahrelangen Betriebserfahrungen.

Selbstverständlich war die Fabrik, in deren Hallen die Maschine entstanden war, deren Personal vom Konstrukteur bis zum Meister und Arbeiter jahrelang alle Zwischenfälle und Schwierigkeiten mit erlebt und mit überwunden hatte, für diese Aufgabe die geeignetste. Deshalb blieb die Maschinenfabrik Augsburg — die sich später mit Nürnberg vereinigte — die klassische Erbauerin des Dieselmotors und die Führerin in der Entwicklung. Dort war die hohe Schule, wo sich alle später Gekommenen Rat und Hilfe holten. Dasselbe war der Fall mit der Firma Fried. Krupp, als später die Marinemaschine zu Bedeutung gelangte, insbesondere für alle Größen und Formen von Schiffs-Dieselmotoren.

Die ganze Entwicklung ist, obgleich sich später zahlreiche Auslandsfirmen auch daran beteiligten, ganz und gar d e u t s c h e n   U r s p r u n g s. Ich habe schon oft Gelegenheit genommen, den beiden Firmen: M a s c h i n e n f a b r i k   A u g s b u r g und F r i e d.   K r u p p öffentlich meinen Dank auszusprechen; ein historischer Überblick wäre unvollständig, wenn die außerordentlichen Verdienste dieser beiden Firmen darin nicht nochmals ausdrücklich hervorgehoben würden. Diese bestanden einerseits in der opferwilligen Hergabe der Mittel, in dem unbeirrten Durchhalten durch fast unüberwindlich scheinende Schwierigkeiten während der Schöpfungszeit der Maschine und nach dieser Zeit in der ausgezeichneten Werkstattausführung und der vorzüglichen Entwicklung der Maschine, d. h. der konstruktiven Durchbildung aller Motorgrößen und Motorformen für die verschiedensten Anwendungsgebiete, wodurch diese beiden Firmen allen anderen als Schule und Vorbild dienten.

Hinter den Firmen stehen aber die Männer. Als ich diesen meine Vorschläge machte, hatte ich nur eine Theorie, praktisch war noch nichts geschehen; ich hatte nichts zu bieten als den unerschütterlichen Glauben an die Richtigkeit und Ausführbarkeit der erfinderischen Grundideen, und es war das Verdienst der Herren Heinrich Buz und Lucian Vogel in Augsburg und der Herren Fried. Alfr. Krupp, Asthöwer, Albert Schmitz, Klüpfel und Gillhausen in Essen, daß sie die Möglichkeit einer besseren Ausnutzung unserer Brennstoffe erkannten, dafür eintraten, unbeugsam daran festhielten und keine Opfer scheuten, die Maschine durch alle Schwierigkeiten hindurch in die Praxis einzuführen.

Ich habe absichtlich mein Thema auf die „Entstehung" des Dieselmotors beschränkt. Die Fortsetzung, also die „Entwicklung" des Motors zu schildern, wäre ein Stück Geschichte des modernen Maschinenbaues, auf das einzutreten ich mir in dieser Schrift leider versagen muß. Ich kann nicht einmal damit anfangen, hier Namen zu nennen, weil deren zu viele sind und weil nur ein umfangreiches Sonderwerk dem enormen Geistesaufwand und konstruktiven Können, die der Entwicklung der Maschine gewidmet wurden, gerecht werden kann.

An dieser Stelle muß ich mich damit begnügen, der Verdienste dieser zahlreichen Mitarbeiter in corpore in dankbarer Bescheidenheit zu gedenken.

In den folgenden Seiten soll nur noch kurz über die Einführung des Motors in die Praxis und die damit verbundenen Betriebserfahrungen und über einige nach den offiziellen Augsburger Versuchen noch durchgeführte Laboratoriumsarbeiten berichtet werden.

Die Einführung in die Praxis.

Die meisten deutschen und ausländischen Lizenzverträge wurden damals in kurzer Zeit nacheinander auf Grund der ersten Augsburger Maschine abgeschlossen, ehe irgend ein anderer Motor ausgeführt oder geliefert worden war.

18.—20. Februar 1897. Besuch der Herren Renny Watson, Robertson und Platt von der Firma Mirrlees Watson Yaryan Co., Glasgow. Mehrtägige Beobachtung der Maschine und Lizenzverhandlungen, die am 23. März 1897 zum Ab-

Fig. 40.

schluß eines Lizenzvertrages führen, dem ersten ausländischen nach Fertigstellung der Maschine. Diese Lizenz ist auf Grund eines Gutachtens von Lord Kelvin zustande gekommen, mit welchem ich in seinem Hause auf den Universitätsgründen zu Glasgow mir unvergeßliche Unterredungen über die thermodynamischen Grundlagen meines Verfahrens hatte, zu einer Zeit, als die Frage der in der Praxis zu wählenden Verbrennungskurve längst theoretisch und praktisch endgültig gelöst war. In Glasgow wird sofort nach meinen Zeichnungen die erste englische Maschine in Bau genommen, die heute noch — nach 16 Jahren — im Betriebe ist. Fig. 40 ist eine Photographie derselben vom Juni 1912. Diese Maschine ergab nach ihrer Inbetriebsetzung im Jahre 1898 bei einer Prüfung durch Professor W. H. Watkinson eine indizierte Leistung von 38,6 % und einen Konsum von 210—212 g pro PSe.-St., d. i. genau das gleiche, wie das beste Resultat des Augsburger Versuchsmotors. *)

Diese Maschine war von meinem Assistenten, Ingenieur A. Böttcher, in Betrieb gesetzt worden, der auch später die ersten Nürnberger, amerikanischen und Sulzermotoren in Betrieb setzte. Die ersten französischen und Deutzermotoren wurden von Herrn K. Dieterichs, die ersten schwedischen, dänischen und ungarischen Motoren von Herrn Noé in Gang gesetzt. In Belgien und England wirkte Herr Erney.

Vom 21. Februar ab Dauerbetrieb des Motors unter den verschiedensten Verhältnissen zu dem Zwecke, nunmehr auch B e t r i e b s e r f a h r u n g e n zu sammeln.

Im Konstruktionsbureau des Laboratoriums B e g i n n d e r K o n s t r u k - t i o n s z e i c h n u n g e n z u d e n M o t o r t y p e n f ü r d e n V e r k a u f.

23. Februar 1897. Betrieb der Maschine bei ganz kleiner Belastung, also mit Verbrennungskurven, die sich der ursprünglich angestrebten Isotherme nähern, ergibt einen thermischen Wirkungsgrad von 41—42 %; 24.—26. Februar Normalbetrieb und Betrieb mit 23 % Überlastung; es entsteht ein Diagramm von 8,6 kg/qcm, ein mechanischer Wirkungsgrad von 76,5, allerdings mit grauem Auspuff. S c h o n d i e s e e r s t e M a s c h i n e w a r a l s o v o r ü b e r - g e h e n d m i t 23 % ü b e r l a s t b a r, wie die heutigen. Untersuchung des Brenners nach 45 Stunden Dauerbetrieb; keine Reinigung nötig. Betrieb mit sehr kalter und sehr warmer Wandtemperatur des Zylinders, Unterschied im Verbrauch 5 g pro PSe. 5. März. Besuch des Herrn Direktor Rieppel aus Nürnberg.

16./17. März 1897. Bremsversuch durch Professor Gutermuth unter Beistand des Ingenieurs Herrn Richter, im Auftrage der Maschinenbau-Aktiengesellschaft Nürnberg. Darauf Lizensverhandlungen mit den deutschen Patentbesitzern, dem Konsortium Maschinenfabrik Augsburg-Krupp, die zum Abschluß eines Lizenzvertrages am 24. Juli 1897 führen.

---

*) S. Zeitschrift „Der Ölmotor" 1912, S. 170.

18.—23. März 1897. Bremsversuche zur Feststellung des maximalen wirtschaftlichen Wirkungsgrades bei konstanten Tourenzahlen und verschiedenen Belastungen sowie bei konstanten Belastungen und verschiedenen Tourenzahlen. Journal: „Der Auspuff hängt nicht von der Tourenzahl, sondern von der Leistung ab: Gleiche Leistung, gleicher Auspuff, gleichgültig, welche Tourenzahl."

1./2. April 1897. Besuch der Herren Ebbs und Worsoe von Krupp. Gemeinsam mit Maschinenfabrik Augsburg F e s t s t e l l u n g   d e r   N o r m a l i e n   f ü r   d i e   e r s t e n   s e c h s   M o t o r g r ö ß e n,   e r s t e   D i m e n s i o n s l i s t e; das Verhältnis von Hub zu Durchmesser ist dabei immer noch größer als 1,5, um leichte Gestänge zu bekommen; aber die Tendenz, es allmählich zu verkleinern, war damals, wie ersichtlich, schon vorhanden (vgl. S. 37 u. 57).

14. April 1897. Konstituierende Versammlung der Société Française des Moteurs Diesel, Bar-le-Duc.

22.—24. April 1897. Wiederholt innere Untersuchung der Maschine; Streumundstück noch rein nach 255 Betriebsstunden. Journal: „Das Drahtgewebe des Zerstäubers ist am unteren Rande angefressen, das scheint einen Einfluß auf den Auspuff zu haben." Diese Konstatierung, daß das Drahtgewebe von der hoch verdichteten Luft oxydiert und allmählich zerstört wird, findet sich auch späterhin häufig; deshalb wurden bei späteren Ausführungen im Zerstäuber statt wie bisher zwei durchlochte Scheiben deren 4—6 in kleinen Abständen übereinander angeordnet und dafür das empfindliche Drahtgewebe fortgelassen. Letzteres war in der Zerstäuberwirkung immer das vollkommenste, nicht aber in der Dauerhaftigkeit, namentlich bei Anwendung von Rohölen, welche die Drahtgewebe auch chemisch angriffen.

27. April 1897. Vortrag über die bisherigen Ergebnisse der Versuche in der Kantine der Maschinenfabrik Augsburg vor einem geladenen ausgedehnten Zuhörerkreis aus der Augsburger Industrie. Dem Vortrag folgte die Vorführung des Versuchsmotors. Dies war meine erste öffentliche Kundgebung nach der theoretischen Broschüre von 1893.

28. April 1897. Wiederholung dieses Vortrages im Bayerischen Bezirksverein des V. d. I. in München.

Der Inhalt dieser beiden Vorträge war im wesentlichen der gleiche wie der meines Vortrages auf der Hauptversammlung des Vereins Deutscher Ingenieure zu Kassel am 16. Juni 1897*) (s. S. 90).

---

*) Siehe Zeitschrift des V. d. I. 1897, S. 785. Diesels rationeller Wärmemotor. Zwei Vorträge von Rudolf Diesel und M. Schröter.

Diese Vorträge lenkten die Aufmerksamkeit der technischen Welt auf die Augsburger Arbeiten, und es begannen Besuche aus dem In- und Auslande von Sachverständigen-Kommissionen, welche für die verschiedensten Lizenzinteressenten den Motor prüften. Es muß darauf verzichtet werden, die Namen der zahlreichen Besucher zu nennen oder deren Versuche im einzelnen anzuführen. Es wird genügen, einige der wichtigsten offiziellen Versuche, die im Laufe des Frühjahrs und Sommers 1897 noch gemacht wurden, zusammenzustellen, und zwar der Übersichtlichkeit halber in Form der nachstehenden Tabelle.

Aus dieser Tabelle ist ersichtlich, daß der mechanische Wirkungsgrad des Motors sich seit den Schröterschen Versuchen durch den laufenden Betrieb allmählich von 75 auf 80 % verbesserte, und daß das beste erreichte Resultat bei voller Leistung einen thermischen Wirkungsgrad von 38,7, einen wirtschaftlichen Wirkungsgrad von 30,2 % und einen Brennstoffverbrauch von 211 g pro SPe Stunde war.

Motoren gleicher Größe geben — von vereinzelten Ausnahmefällen abgesehen — auch heute noch kein besseres Resultat. Es ist damit bewiesen, daß die thermischen Ergebnisse des Arbeitsverfahrens schon in diesem ersten betriebssicheren Motor ungefähr das Maximum erreichten. In späteren Jahren ist allerdings der Brennstoffkonsum bis auf 180 g heruntergegangen, aber bei sehr viel größeren Zylinderdimensionen. Ein maßgebender Vergleich der Maschinenökonomie kann aber selbstverständlich nur für ungefähr gleich große Maschinen stattfinden.

In der obigen tabellarischen Zusammenstellung ist dem historischen Gang etwas vorgegriffen, es sind deshalb noch die weiteren Laboratoriumsarbeiten zu erwähnen, welche zwischen die offiziellen Versuche soweit als möglich eingeschoben wurden.

Ende Mai 1897 wurde die bisherige Einblasepumpe von 90 mm Durchmesser und 200 mm Hub ersetzt durch eine ganz kleine Luftpumpe von 40 mm Durchmesser und 60 mm Hub nach Fig. 41.

Diese Pumpe entnahm die Luft nicht mehr, wie die frühere, aus der Atmosphäre, sondern aus dem Kompressionsraum des Verbrennungszylinders in einem bereits stark verdichteten Zustand. Zweck dieses Versuches war einerseits die längst als viel besser erkannte Verbundkompression der früheren Versuchsmaschinen wieder einzuführen, anderseits trotzdem die Dimensionen der Einblasepumpe auf das möglichste Minimum zu vermindern und dadurch diesen Teil der Maschine möglichst klein und einfach zu gestalten. Gleichzeitig wurde der Luftpumpenkolben, der früher noch mit Stopfbüchspackung ausgeführt war (s. Fig. 26), jetzt ähnlich wie der Hauptkolben ohne Stopfbüchse ausgebildet, eine heute noch typische

Datum des Ver- suchs	Bezeichnung des Versuchs	Thermischer Wirkungsgrad %		Mechanischer Wirkungsgrad %		Wirtschaftlicher Wirkungsgrad %	
		Volle Leistung	Halbe Leistung	Volle Leistung	Halbe Leistung	Volle Leistung	Halbe Leistung
1897							
17. II.	Prof. Schröters offizieller Versuch	34,7	38,9	75,5	59,6	26,2	22,5
30. IV. u. 1. V.	Französische Kommission	34,5	37,5	74,0	58,0	25,6	21,5
2. VII.	Privatversuch mit hoher Kühlwassertemperatur	36,1	—	80,5	—	29,1	—
5. VII.	Offizieller Versuch der Oberingenieure der Ma- schinenfabrik Augsburg, Herren Krumper und Vogt	Dieser Versuch beschränkte sich auf die Feststellung des Petroleumverbrauchs bei voller Last					
27. u. 30. IX.	Amerikanische Kommission	36,6	—	80,0	—	29,3	—
21. X.	Kommission im Auftrage der englischen Firma Vickers, Sons & Maxims, Ltd., gleichzeitig mit der dänischen Kommission im Auftrage der Firma Bur- meister & Wains, Kopen- hagen	38,7*)	41,0	77,6	63,0	30,2	25,8

*) Professor Eugen Meyer hat später an den ersten fabrikmässig hergestellten Motoren

| Petroleumverbrauch pro Stunde in Gramm pro | | | | Bemerkungen |
| PSi | | PSe | | |
Volle Leistung	Halbe Leistung	Volle Leistung	Halbe Leistung	
180	161	238	278	Diese Versuchsresultate wurden von Herrn Prof. Schröter auf der Hauptversammlung des V. D. I. am 16. VI. 1897 bekanntgemacht.
180	165	242	288	Die französische Kommission bestand aus den Herren Edouard Sauvage, Professor an der Ecole des Mines, Paul Carié, Oberingenieur der Société des Forges et Chantiers de la Méditerranée und den Ingenieuren Herren Dyckhoff und Merceron.
174	—	216	—	Dies war das bisher beste Resultat. Da es angezweifelt wurde, so wurde in den nächsten Tagen dieser Versuch unter Leitung der beiden Oberingenieure der Maschinenfabrik Augsburg, Herren Krumper und Vogt, wiederholt.
		219	—	Somit war dieses günstige Resultat auch durch diesen offiziellen Versuch der Maschinenfabrik Augsburg bestätigt.
174	—	218	—	Die amerikanische Kommission bestand aus: Colonel E. D. Meier und Oberingenieur Marx von der Maschinenbaugesellschaft Nürnberg. Dieser Versuch bestätigt die günstigen Resultate der beiden letzten Versuchsreihen.
164,5[*]	155,5	211[*]	247	Diese Kommissionen bestanden aus den Herren Prof. Wilhelm Hartmann, Berlin und Winslow, Kopenhagen. Diese Versuche wurden am 29. X. noch einmal mit genau gleichem Ergebnis bestätigt, nachdem der Brenner 14 Tage lang ohne Reinigung im Betriebe war.

der M. F. A. fast genau die gleichen Zahlen erhalten, s. Z. d. V. D. I. 1901 S. 618.

Form bei allen Einblasepumpen. Diese neue Pumpenart wurde als Hochdruckpumpe bezeichnet. Die im November 1897 damit gemachten Leistungsversuche
ergaben genau gleiche Diagramme und Resultate wie die von Ende Oktober.
Journaleintragung: „Die Hochdruckpumpe ist der großen Luftpumpe in bezug
auf Leistung ebenbürtig."

Es erfolgt aber rasches Verschmutzen der Ventile der Luftpumpe und der
Luftleitungen zur Düse und auch der Düse selbst. Die Maschinenfabrik Augsburg

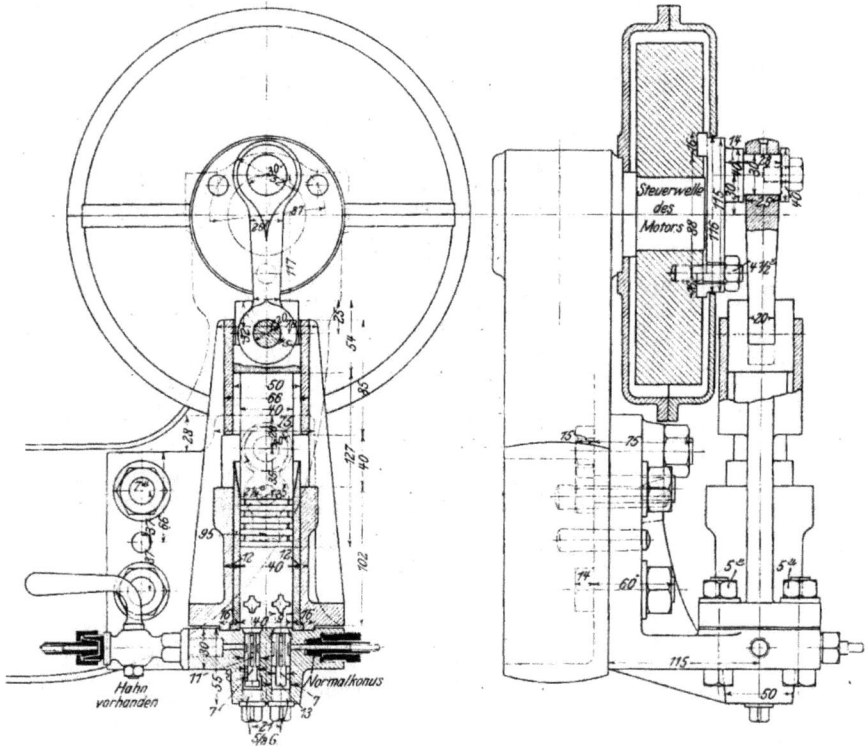

Fig. 41.

ließ die Hochdruckluftpumpe später unter Nr. 127159 patentieren und hat auch eine
große Anzahl Dieselmotoren mit solchen Pumpen geliefert; nach und nach zeigte
sich aber mit Vergrößerung der Maschinendimensionen, daß die oben erwähnte
Verschmutzung Nachteile mit sich brachte und daß die Luftentnahme die Leistung
der Hauptzylinder zu stark verminderte, so daß dieses System aufgegeben wurde.

Zwischenhinein wurde häufig die Maschine auseinandergenommen, und
innerlich untersucht; jede Kommission verlangte ein solches Auseinandernehmer
des Motors, um sich persönlich von dem Zustande der Maschine zu überzeugen

Es hat aber keinen Zweck, über den jedesmaligen Befund zu berichten; es wird genügen, wenn aus dem Journal eine einzige derartige Untersuchung wiedergegeben wird:

12. Juli 1897. Untersuchung der Maschine nach fünfmonatlichem Betrieb. Befund: „Kolben absolut rein und in Ordnung; Zylinder denkbar bester Zustand, charakteristischer Glanz, nirgends eine Spur fester Ölkohle; Brenner in ganz vorzüglichem Zustand, nicht ein einziges Loch verstopft; Saug- und Auspuffventile: Dichtungsflächen metallisch rein und unverletzt."

Ein solcher Bericht über den inneren Zustand der Maschine hat heute selbstverständlich kein Interesse mehr, es ist aber wichtig, festzustellen, daß dieser Zustand und diese Betriebssicherheit des Motors schon damals an dieser ersten öffentlich vorgeführten Maschine erreicht war, weil diese Tatsache heute manchmal vergessen wird.

20. August 1897. Da mit Recht die Besorgnis bestand, daß bei einzelnen Motoren manchmal die Anlaßluft aus Versehen verloren gehen könnte, versuchte ich, den Motor mit komprimierter Kohlensäure anzulassen, wie sie in Flaschen überall käuflich war. Dieser Versuch gelang und ist bekanntlich als Hilfsanlassung in die Praxis eingeführt worden.

2. November 1897. Besuch der Herren Gebrüder Howaldt aus Kiel; erste Untersuchung der Manövriereigenschaften des Dieselmotors für Schiffszwecke. Die damals erreichte Minimaltourenzahl, bei welcher der Betrieb des Motors noch regelmäßig vor sich ging, war 40 pro Minute bei 10 kg Bremslast, also bei einer ganz minimalen Leistung. Eine geringere Tourenzahl wird auch heute bei den Schiffs-Dieselmotoren nicht erreicht und auch nicht verlangt. Die Herren Gebrüder Howaldt verfaßten damals einen Bericht über die Anwendbarkeit des Dieselmotors als Schiffsmotor. Ein merkwürdiges Zusammentreffen ist, daß dieselbe Firma, die sich z u e r s t für die Eigenschaften des Dieselmotors als Schiffsmaschine interessierte, auch das erste d e u t s c h e Dieselmotorschiff, den „Monte Penedo", im August 1912 herausgebracht hat, und zwar mit Sulzerschen Maschinen.

November 1897. Montage des ersten von der Maschinenfabrik Augsburg gelieferten 76-PS-Dieselmotors bei der Aktiengesellschaft „Union" in Kempten, und zwar durch Monteur Schmucker, dem jahrelangen Laboratoriumsmonteur. Einige junge amerikanische Ingenieure, Meier und Puchta, wohnen der Montage dieser Maschine zu ihrer Instruktion bei.

Diese Maschine, die im April 1898 in Betrieb kam, ist in Fig. 42 abgebildet. Auf meine Erkundigung erhielt ich im Oktober 1912 die Mitteilung, „daß dieser Motor heute noch tadellos funktioniert und sich in bestem Zustande befindet und

Fig. 42.

voraussichtlich noch viele Jahre Dienst tun wird; die Reparaturen haben sich bisher auf die durch natürliche Abnutzung entstandenen beschränkt; die Maschine ist, trotzdem sie die Verbesserungen und Vereinfachungen der Neuzeit noch nicht besitzt, äußerst anspruchslos in bezug auf Bedienung und Wartung".

In der tabellarischen Zusammenstellung auf Seite 84 und den folgenden Seiten ist dem historischen Gang etwas vorgegriffen. Es mögen deshalb noch kurz einige Ereignisse erwähnt sein, die in den gleichen Monaten eintraten.

Mitte April 1897 fällt der Abgang des Oberingenieurs Herrn Vogel von der Maschinenfabrik Augsburg. Vogel konnte die Früchte seiner Mitarbeit bei den Versuchen und den ersten Werkzeichnungen und seiner dadurch gewonnenen Erfahrungen nicht mehr genießen, trotzdem um diese Zeit der Motor in allen p r i n z i p i e l l e n Punkten fertig war. Journal: „Längere Zeit ist das Konstruktionsbureau auf Herrn Diesel angewiesen."

Vogels Abgang war für mich ein schwerer Schlag, da der Dampfmaschinen-Oberingenieur, Herr Krumper, welchem nun seitens der Direktion die Leitung des Konstruktionsbureaus für Dieselmotoren übertragen wurde, sich immer, auch noch nach den offiziell festgestellten Erfolgen, ablehnend verhalten hatte. Er war bisher ein- bis zweimal im Jahre auf wenige Minuten in das Laboratorium gekommen und hatte es stets wieder mit sarkastischen Bemerkungen verlassen. Als ihm daher die Leitung des Konstruktionsbureaus übertragen wurde, war der Enthusiasmus auf beiden Seiten nicht groß. Deshalb wurde Herrn Krumper als Oberingenieur für Dieselmotoren Herr Vogt beigegeben, welcher die effektive Leitung des Konstruktionsbureaus übernahm, während Herr Krumper eine mehr generelle Oberaufsicht führte. Herr Vogt weihte sich sehr schnell in alles bisher Geschehene ein und ließ sofort im Mai und Juni 1897 Versuche mit vier verschiedenen Regulatorformen durchführen, die sich namentlich auf den Gleichförmigkeitsgrad und die definitive Wahl des Regulators bezogen.

Von dieser Zeit ab, Mai-Juni 1897, übernahm dann die Maschinenfabrik Augsburg die Leitung des Konstruktionsbureaus, welches nun vom Laboratorium in die Zeichnungssäle der Fabrik verlegt wurde.

Ungefähr um die gleiche Zeit, am 11. März 1897, wurde zum Zwecke der praktischen Verwertung der neuen Maschine zwischen den Firmen Fried. Krupp und Maschinenfabrik Augsburg einerseits und mir andererseits ein neuer Vertrag abgeschlossen, dessen Wortlaut wie folgt begann:

§ 1. „Nachdem durch die bisherigen von der Maschinenfabrik Augsburg in Verbindung mit Herrn Rudolf Diesel und der Firma Fried. Krupp ausgeführten Versuche ein v e r k a u f s f ä h i g e r Motor des Diesel'schen Systems k o n s t r u -

i e r t und e r p r o b t worden ist, soll nunmehr tunlichst rasch mit der f a b r i -
k a t i o n s m ä ß i g e n Herstellung des Dieselmotors begonnen werden."
gez. M a s c h i n e n f a b r i k A u g s b u r g.

gez. F r i e d. K r u p p.

H. B u z , Direktor.   Das Direktorium:

Albert S c h m i t z.   Ludwig K l ü p f e l.

Die Maschinenfabrik Augsburg erließ damals folgendes Zirkular an ihre
Geschäftsfreunde:

„Bis jetzt haben wir nur einen Motor mit einem Zylinder für 20 effektive Pferdekräfte ausgeführt, welcher sich während mehrmonatlicher
Dauerversuche mit Petroleumbetrieb in jeder Beziehung ausgezeichnet
bewährt hat und vollkommen marktfähig ist."

Am 16. Juni 1897 hielt ich auf der Hauptversammlung des Vereins Deutscher
Ingenieure zu Cassel einen Vortrag, in welchem das Wesen des neuen Arbeitsverfahrens und die typische Konstruktion des neuen Motors erläutert wurden. In
diesem Vortrag wurde auch mitgeteilt, daß die neue Maschine ein Kompromiß
zwischen der Theorie und den Notwendigkeiten der Praxis sei, und es wurde auf
die Unterschiede zwischen beiden hingewiesen, soweit es die bedeutenden Interessen, die zu vertreten und zu schützen waren, gestatteten.*)

Die damals mitgeteilten Figuren entsprachen aus naheliegenden Gründen
nicht ganz den wirklichen Konstruktionszeichnungen, die in d i e s e r Schrift
wiedergegeben sind; sie waren aber durchaus genügend, alle grundsätzlichen Punkte
klarzustellen, soweit es damals wünschenswert war. (3)

Im Anschluß an meinen Vortrag berichtete dann Herr Professor Schröter,
wie bereits erwähnt, über seine Versuchsergebnisse.

Im Sommer 1898 wurde dann auf der II. Kraft- und Arbeitsmaschinen-
ausstellung zu München in einem eigenen Pavillon eine Kollektivausstellung von
Dieselmotoren veranstaltet, deren Durchführung den Herren Paul Meyer und
Heinr. Noé übertragen war. Dort waren folgende Firmen vertreten:**)

1. Maschinenfabrik Augsburg mit einem 30 PS-Einzylindermotor, der zum
Antrieb einer Drehkolbenpumpe, Patent Brackemann, diente.

*) Dr. P. v. Lossow. Die geschichtliche Entwicklung der Technik im südlichen Bayern.
Z. d. V. D. I. 1903. Nr. 27.

**) S. Z. d. V. D. I. 1899 S. 36.

2. Fried. Krupp, Essen, mit einem 35 PS-Einzylindermotor zum Antrieb einer Hochdruckzentrifugalpumpe von Gebrüder Sulzer.

3. Maschinenbau-Aktiengesellschaft Nürnberg mit einem 20 PS-Einzylindermotor zu Demonstrationszwecken, namentlich zur Veranschaulichung des Anlassens, Regulierens, der Gleichförmigkeit des Ganges, sowie zur Bremsung und Indizierung.

4. Gasmotorenfabrik Deutz mit einem 20 PS-Einzylindermotor zum Antrieb einer Luftverflüssigungsanlage von Professor von Linde.

Ein Zwillingsmotor aus Nürnberg von 40 PS, welcher noch mit einer Schuckert-Dynamo ausgestellt werden sollte, wurde nicht rechtzeitig fertig. Die Motoren waren so Hals über Kopf hergestellt worden, daß sie erst auf der Ausstellung einreguliert werden mußten.

Die Figuren 43 und 44 geben eine Erinnerung an diese Ausstellung.

Damit wurde der Dieselmotor zum ersten Male der großen Öffentlichkeit vorgeführt und von da ab beginnt seine praktische Verwertung.

Weitere Laboratoriumsarbeiten nach der Entstehungszeit des Motors von der zweiten Hälfte 1897 bis Ende 1899.

Mit der offiziellen Feststellung der Versuchsergebnisse im Juni 1897 kann die „Entstehungszeit" des Dieselmotors als abgeschlossen angesehen werden; es begann dann die fabrikationsmäßige Herstellung des Motors und damit seine „Entwicklungszeit". Selbstverständlich waren auch jetzt noch sehr wichtige Fragen weiter zu verfolgen, insbesondere galt es jetzt, Betriebs-erfahrungen zu sammeln und in erster Linie die früher aufgeschobene Frage der Verwendung von Rohölen und aller sonstigen Arten von Brenn-stoffen wieder aufzunehmen.

Endlich mußte noch die endgültige Durchführung zahlreicher Versuchs-serien vorgenommen werden, die im Laufe der Entstehungszeit begonnen, aber nicht erschöpfend behandelt worden waren, darunter der Ersatz des empfind-lichen Siebzerstäubers durch eine dauerhaftere Konstruktion, das weitere Studium des Einblasens mit kalibrierten Düsenöffnungen, der eventuelle Ausbau der Hoch-druckluftpumpe, das Selbsteinblaseverfahren u. a. m.

Es zeigte sich jedoch bald, daß die zahllosen Vorführungen, Demontagen und Untersuchungen der Maschine durch sachverständige Kommissionen, namentlich aber auch die Ausprobierung der verschiedensten flüssigen Brenn-stoffe, die wegen der beginnenden Motorlieferungen unbedingt durchgeführt werden

mußten, eine s y s t e m a t i s c h e Durchführung einzelner Versuchsreihen unmöglich machten. Außerdem waren alle verfügbaren Kräfte mit der Konstruktion
und der Ausführung der Motoren für die Münchener Ausstellung und mit dieser
selbst (siehe S. 90) aufs äußerste beansprucht. Infolgedessen kam man ein ganzes
Jahr lang, bis Herbst 1898, nicht recht vorwärts mit den Versuchen. Zudem war
der Motor durch die vielen Abänderungen und Mißhandlungen während der Versuchszeit und durch die erwähnten Vorführungen und Demontagen, sowie durch

Fig. 43.

Versuche mit ungeeigneten Brennstoffen und dergl. in so schlechten Zustand gekommen, daß er einer gründlichen Reparatur bedurfte. Diese konnte erst nach
Schluß der Münchener Ausstellung im Herbst 1898 stattfinden; neben dem Aus-
bohren des Zylinders und dem Instandsetzen aller Organe wurde auch eine neue
Düse und ein neues Anlaßventil hergestellt und eine Einrichtung getroffen, die
durch Verstellung der Kolbenstange den Kompressionsraum zu verändern ge-

stattete. Es wurde dann der alte Motor, der sog. A-Motor, nur noch für Gasversuche eingerichtet und verwendet, während die Ausprobierung der flüssigen Brennstoffe in einem zweiten, nach genau gleichen Zeichnungen gebauten Motor stattfand, der seinerzeit von der Maschinenfabrik Augsburg dem Krupp-Gruson-Werk
als Fabrikationsmuster geliefert worden (siehe S. 63) und im März 1898 nach
Augsburg zurückgekommen war, dem sog. B-Motor.

Fig. 44.

Da ich selbst durch die Aufnahme der Fabrikation bei den verschiedenen
Lizenzfirmen zu sehr beansprucht war, um den Versuchen wie bisher meine ganze
Zeit zu widmen, wurde folgende Organisation mit der Maschinenfabrik Augsburg
vereinbart: Als ausführende Organe auf der Versuchsstation fungierten für mich
bzw. für die inzwischen gegründete Allgemeine Gesellschaft für Dieselmotoren
Herr Karl Dieterichs, welcher auch die Journale führte, für die Maschinenfabrik Augsburg Herr Lauster, und zwar in der Weise, daß Herr Dieterichs
die Arbeiten auf dem Versuchsstand leitete, Herr Lauster dagegen außer

diesen auch die damit zusammenhängenden Arbeiten in der Werkstatt zu über-
wachen hatte. Den beiden Herren wurden als Assistenten beigegeben die Herren
Grosser und Max Ensslin; für letzteren trat später Herr Philipp ein. An Stelle
des Herrn Dieterichs übernahm später Herr Paul Meyer die Leitung der Versuche.
Die Organisation der Versuche, deren Programm und Oberleitung blieben in meinen
Händen nach jeweiligen Konferenzen und im Einverständnis mit dem Oberingenieur
der Maschinenfabrik Augsburg, Herrn Vogt, welcher, wie bereits erwähnt, die
Oberleitung des Dieselmotorbaues übernommen hatte.

Die Versuche, über welche noch kurz zu berichten ist, beziehen sich:

1. auf Betriebs- und Konstruktionsfragen;

2. auf die Ausprobierung aller Arten von Brennstoffen;

3. auf den Kompoundmotor.

An diesen Versuchen waren außer den oben genannten Herren noch beteiligt
die Herren Reichenbach, Böttcher, Pawlikowski, Lietzenmeyer, Noé und Schüler.

Es ist heute nicht mehr genau festzustellen, mit welchen Arbeiten die einzelnen Herren beauftragt waren. Alle aber haben im Laboratorium, an den Versuchsmaschinen, im Konstruktionsbureau und bei den Ingangsetzungen der Motoren
und der Einrichtung der Fabrikation bei den Lizenznehmern mit Anspannung
aller Kräfte Außerordentliches geleistet, viele gute Gedanken gegeben und dazu
beigetragen, die anfänglich sehr großen Schwierigkeiten bei der Einführung der
Motoren zu überwinden. Entsprechend dem Thema dieses Buches muß ich die
Namen der Mitarbeiter auf die Zeit der „E n t s t e h u n g" des Motors, d. h. der
eigentlichen L a b o r a t o r i u m s a r b e i t e n, beschränken. Die spätere Zeit
der Entwicklung muß ganz für sich behandelt werden.

A. Betriebs- und Konstruktionsfragen.
Nasse Luftpumpe.

Oktober 1898. Versuch mit nassem Luftpumpenbetrieb zu dem Zweck,
event. die Nachkühlung der Einblaseluft und die starke Erhitzung der Luftpumpe
zu vermeiden. Die Luftpumpe war bekanntlich damals noch einstufig (siehe S. 60).
Es wurde während des Betriebes ein feiner Nebel von zerstäubtem Wasser durch
die Saugleitung mit eingesaugt. Weder im Luftpumpendiagramm noch in der
Temperatur der Pumpe zeigten sich merkliche Änderungen; da der Zweck, die
Nachkühlung zu vermeiden, nicht erreicht wurde, mußte die Sache aufgegeben
werden.

Kochendes Mantelwasser.

Oktober 1898. Versuch, mit kochendem Kühlwasser im Mantel des Verbrennungszylinders zu arbeiten derart, daß fast alles Wasser verdampft und nur

ein ganz feiner Wasserstrahl mit dem Dampf abgeht zur Sicherheit, daß der Mantel stets voll Wasser ist. Es zeigen sich keinerlei nachteilige Folgen im Betrieb, alles bleibt normal. Dieser Versuch war mit Rücksicht auf die Anwendung des Motors für transportable Maschinen zum Zwecke der äußersten Verminderung der mitzunehmenden Kühlwassermenge durchgeführt worden.

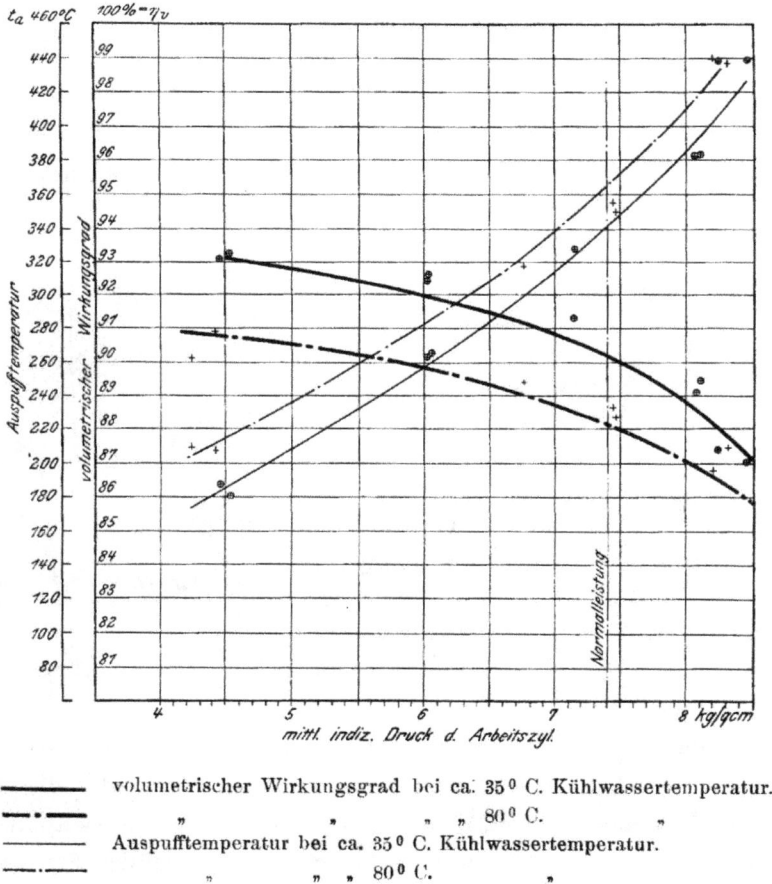

	volumetrischer Wirkungsgrad bei ca. 35° C. Kühlwassertemperatur.
	„ „ „ „ 80° C. „
	Auspufftemperatur bei ca. 35° C. Kühlwassertemperatur.
	„ „ „ 80° C. „

Volumetrische Wirkungsgrade und Auspufftemperaturen des A. Motors
bei verschiedenen Belastungen und Kühlwassertemperaturen.

Fig. 45.

Volumetrischer Wirkungsgrad.

September 1899. Es wurden der volumetrische Wirkungsgrad des Verbrennungszylinders und die Auspufftemperaturen bei verschiedenen Betriebsverhältnissen festgestellt. Die Ergebnisse sind in Fig. 45 zusammengestellt und dürften auch heute noch zutreffend sein.

Düsenmundstücke.

Die auf S. 69 erwähnten Streubrenner hatten sich für Lampenpetroleum
im Dauerbetrieb ausgezeichnet bewährt, bei den Versuchen mit s c h w e r e r e n
Ölen aber verstopften sie sich mehr oder weniger rasch, und es entstand das Bedürfnis, den Brennstoff durch weniger feine Löcher einzublasen.

Im Laufe der Versuchsjahre waren, wie schon mehrfach erwähnt, immer
wieder Versuche mit kalibrierten Düsenplatten gemacht worden (siehe S. 21, 34, 42),
bei welchen der Brennstoff durch ein einziges größeres zentrales Düsenloch eingeblasen wurde. Diese Versuche wurden nun im Hinblick auf die Anwendung
schwerer Öle von neuem systematisch aufgenommen, und zwar mit dem Brenner
nach Fig. 46.

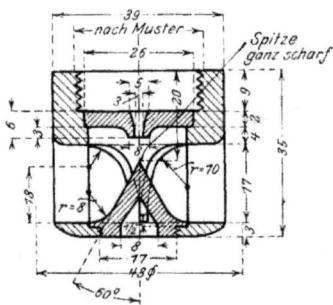

Fig. 46.

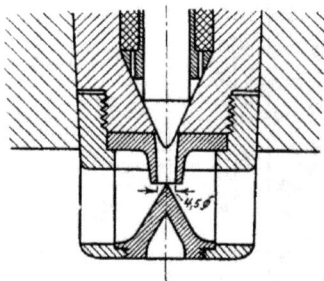

Fig. 47.

Eine 2 mm-Düsenplatte ergab dabei nur halbe Leistung, 2,5 mm-Düsenplatte gab beinahe, aber doch nicht ganz, volle Leistung. Die Verbrennung ist
wenig verschieden von derjenigen des Streubrenners, das Düsenloch bleibt aber
rein, dagegen besetzt sich der vorgelagerte Prallkonus mit Kohle. Bei 4 mm-
Düsenloch bleibt auch der Prallkonus spiegelblank und ohne jeden Kohleansatz.
Bei 5 mm-Düsenloch-Ergebnisse wesentlich ungünstiger als mit dem Streubrenner.
Eine Düsenplatte von 4,5 mm mit verlängerter Mündung nach Fig. 47 ergibt ebenfalls ungünstigere Resultate. Mit diesen neuen Brennern ist die frühere volle
Leistung bei reinem Auspuff nicht erreicht worden, auch nicht beim Gegenversuch
mit Lampenpetroleum.

Später stellte sich heraus, daß lediglich der Prallkonus hieran schuld war,
da dieser die nach allen Richtungen radial abgelenkten Brennstoffstrahlen in
den oberen Regionen, also in der Nähe des Deckels, festhielt und deren Mischung
mit den dem Kolben folgenden Luftschichten verhinderte. Später wurde der
Prallkonus fallen gelassen und der Brennstoff durch die kalibrierte Düsenplatte

stumpf auf den glatten Kolbenboden geschleudert, was dann bis heute t y p i s c h blieb. Am 1. April 1898 findet sich die Journalbemerkung: „Bestes Mundstück, einfache Düsenplatte; wegen der großen Einfachheit derselben soll nicht mehr davon abgegangen werden." Dies wurde im Herbst 1898 allen Dieselmotorfirmen mitgeteilt. Der Prallkonus wurde dann auch versuchsweise auf den Kolben selbst gesetzt nach Fig. 48, so daß der Brennstoff dem Kolben folgen konnte, doch ergab sich daraus kein besonderer Vorteil.

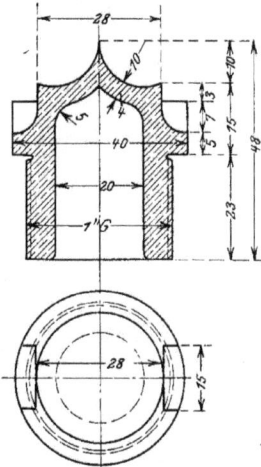

Fig. 48.

Zerstäuber.

Dezember 1898.   Versuche zum Ersatz des Zerstäubersiebes.

Die bisherigen Versuche waren bekanntlich mit dem Siebzerstäuber gemacht (siehe S. 71).

Fig. 49 a zeigt einen solchen Zerstäuber in größerem Maßstab als die früheren Figuren.

Die Figur zeigt, daß die Nadel sich in einer Metallhülse bewegt; der untere Teil dieser Hülse ist mit einem feinen Sieb aus vernickeltem Stahldraht (damals gab es noch keinen Nickelstahl) umwickelt oder mit ausgestanzten Ringen aus dem gleichen Gewebe aufgefüllt. Das Drahtgewebe ist oben und unten festgehalten zwischen zwei Metallscheiben, die mit einer größeren Anzahl von Kerben oder feinen Löchern durchbrochen sind. Der durch den Brennstoffkanal eintretende flüssige Brennstoff fließt durch die Kerben der oberen Scheibe auf das Drahtgewebe, wo er sich wie in einem Schwamme verteilt. Die durch den Luftkanal eintretende Einblaseluft treibt dann bei der Eröffnung der Nadel den Brennstoff heftig durch das Drahtgewebe hindurch, wo er außerordentlich fein zerstäubt wird und in Form feinsten Nebels durch die untere gekerbte Scheibe und dann durch die Düsenplatte hindurch in das Innere des Zylinders eindringt.

Es wird nun zunächst das Zerstäubersieb einfach weggelassen; der Motor geht ganz gut bei gutem Auspuff, aber die Diagramme zeigen explosionsartige Verbrennung.

Hierauf wird statt des Zerstäubers eine einfache Metallhülse nach Fig. 49 b eingebaut, so daß der Brennstoff durch den so gebildeten hohen Spalt von $^1/_4$ mm Weite zur Düse tritt; die Resultate sind nicht befriedigend. Weitere Versuche finden statt mit einem Zerstäuber nach Fig. 49 c, bei welchem die Nadel von einem zylindrischen Mantel umgeben ist, welcher unten eine Anzahl feiner radialer Löcher

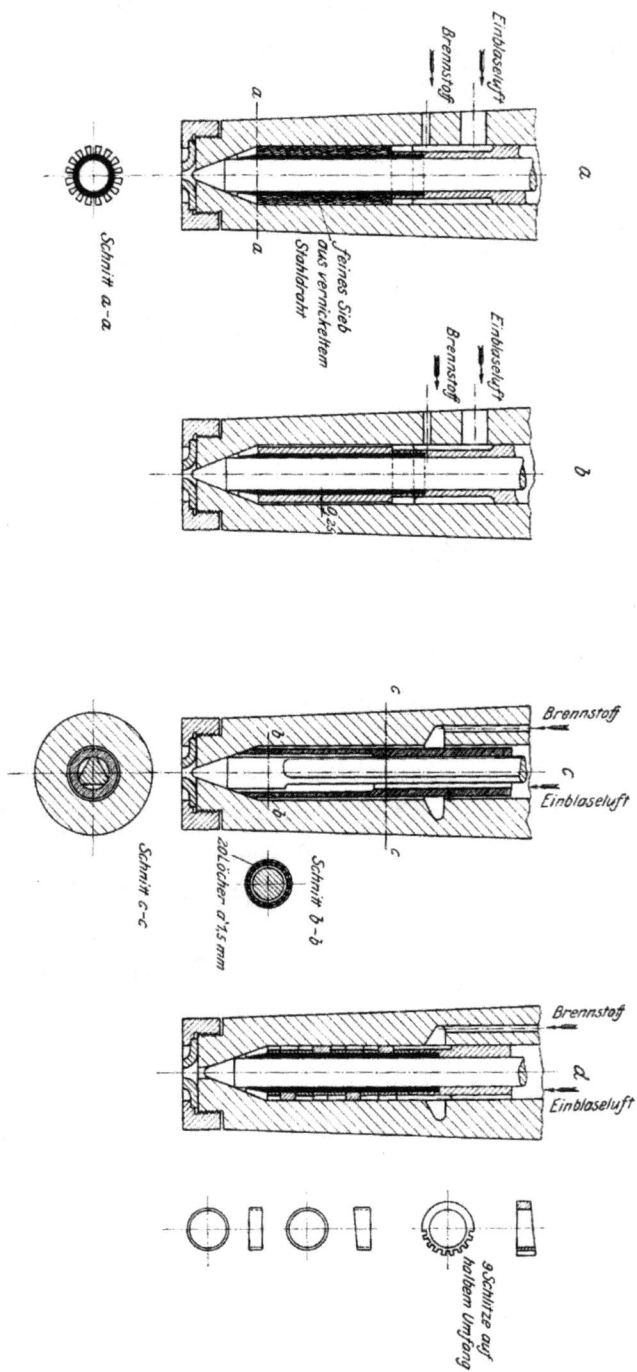

Fig. 49.

besitzt; beim Öffnen der Nadel zerstäubt der Luftstrahl die zahlreichen feinen radialen Petroleumstrahlen und bläst sie in den Zylinder. Dieser Apparat gibt mangelhafte Mischung und Zerstäubung, unsicheren Anlauf und zu große Empfindlichkeit hinsichtlich der Abmessung der Querschnitte. Immer noch Sieb das Beste.

Endlich wird ein Zerstäuber nach Fig. 49 d probiert, der aus einer Anzahl in gewissen Abständen übereinanderliegender, eingekerbter Scheiben besteht, durch welche der flüssige Brennstoff labyrintartig hindurchgedrängt und im Zickzack geführt wird; später wurden die gekerbten Scheiben durch Scheiben mit einem Kranz kleiner gebohrter Löcher ersetzt, eine Zerstäuberform, die typisch

Schn. A—B

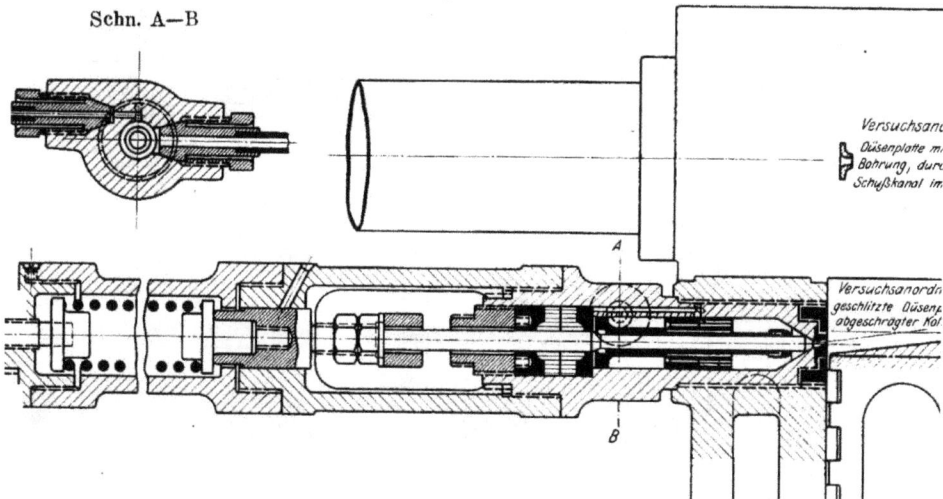

Fig. 50.

geblieben ist. Zwischen diesen verschiedenen Versuchen wurde immer wieder das Drahtsieb probiert, welches sich immer als bestes Zerstäubungsmittel bewährte, aber leider nicht genügend dauerhaft war.

Seitliche Einblasung.

August 1899. Einblasung quer zur Zylinderachse. Dieser Versuch wurde hauptsächlich im Hinblick auf den Bau von horizontalen Maschinen durchgeführt, da bei vertikalen Maschinen ein Anlaß dazu nicht vorlag.

Die horizontale Nadel nach Fig. 50 wurde seitlich in eine Bohrung des Zylinderflansches eingeschraubt, welche früher zur Aufnahme des Sicherheits-

7*

ventils und dann auch des Überströmventils bei den Selbsteinblasungsversuchen gedient hatte (vgl. Fig. 23).

Nach mehrtägigem Dauerbetrieb der seitlichen Einblasung mit flüssigen Brennstoffen Journaleintragung: „Schwierigkeiten mit Zündung und Verbrennung

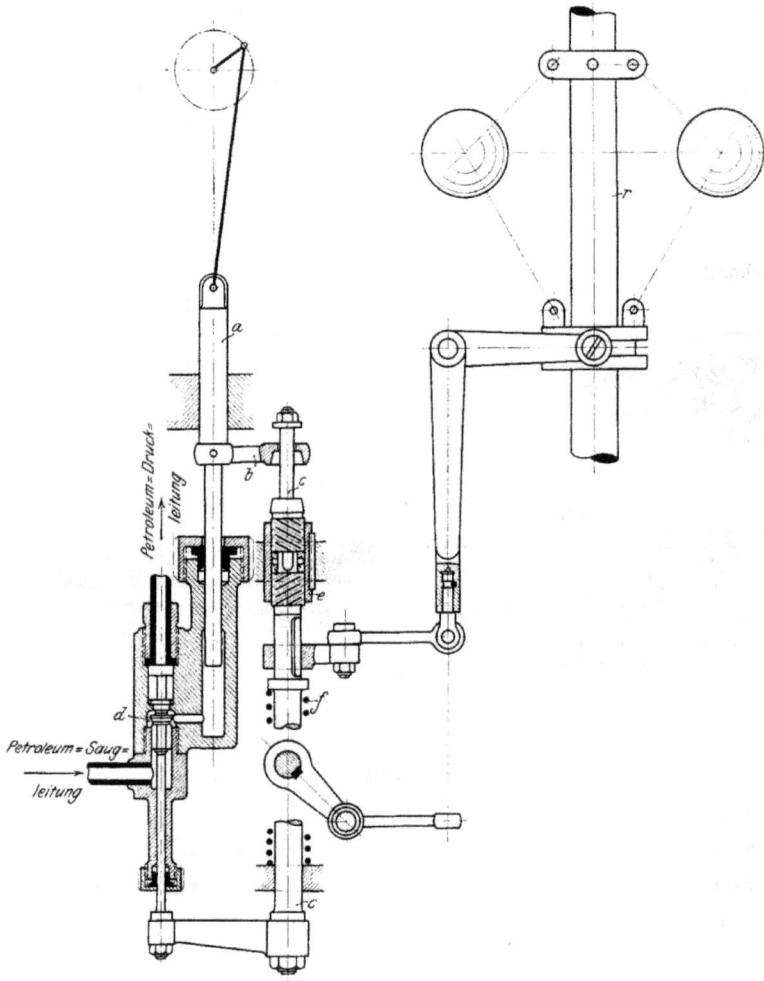

Fig. 51.

nicht vorhanden, keine Kohlenablagerung auf dem Kolben,' Brennstoffausnutzung der bisher üblichen mindestens äquivalent." Das alles wurde erreicht, trotzdem die Düse durch ihre abnormale Einlagerung im massiven Zylinderflansch außergewöhnlich heiß wurde.

Auf Grund dieser Erfahrungen ließ der Direktor der amerikanischen Diesel-Gesellschaft, Colonel E. D. Meier, von Anfang an die Verbrennungskammer der amerikanischen Dieselmaschinen seitlich am Zylinder ausbauen und die Einblasung des Brennstoffs in diese Kammer quer zur Achse erfolgen.

Oktober 1899. Die seitliche Einblasung wurde auch mit Gasbetrieb ausprobiert, es ergaben sich keinerlei Anstände in bezug auf Zündung, ruhigen Gang, Sauberkeit im Zylinder, dagegen wurde niemals die Wärmeausnutzung der Gasversuche mit zentraler Düse erreicht, es entstand viel stärkeres Nachbrennen und sehr hohe Temperatur; der thermische Wirkungsgrad war durchschnittlich um 10—11% geringer. Es scheint, daß das einströmende Gas die dicke Luftschicht nach der Quere nicht genügend durchdringen kann, sondern vor sich her staut, so daß ungenügende Mischung von Luft und Gas stattfindet.

Regulierung.

Dezember 1898. Bisher war die Regulierung des flüssigen Brennstoffes dadurch erfolgt, daß die Brennstoffpumpe mehr Petroleum ansaugte, als der Betrieb erforderte, und daß beim Druckhub des Kolbens ein Teil des angesaugten Brennstoffes durch das Saugventil (S. 17) oder ein Überlaufventil zurückströmte, das an veränderlichen Stellen vom Regulator aus geschlossen wurde (Seite 70).

Es werden nunmehr die schon früher begonnenen Versuche (s. S. 70), das empfindliche und zu Störungen geneigte Überlaufventil durch das Saugventil der Pumpe selbst zu ersetzen wieder aufgenommen aber dabei den variablen Abschluß des letzteren unter den Einfluß des Regulators zu stellen. Fig. 51 gibt ein Schema der ersten derartigen Anordnung, die von dem Konstrukteur der M. F. A., Herrn Fritz Oesterlen, stammt.

Der mit dem Pumpenkolben a verbundene Arm b stößt in einem bestimmten Moment die Stange cc herunter und schließt damit das bis dahin durch Feder f offen gehaltene Saugventil d. Der Moment dieses Schlusses wird vom Regulator r beeinflußt durch Verdrehen des Links- und Rechtsgewindes e. Die Konstruktion wurde dann allmählich verbessert, wobei aber immer das ursprüngliche Prinzip des Rückströmens der zu viel angesaugten Brennstoffmenge als typisch bis heute beibehalten wurde.

Hochdruckluftpumpe.

November 1899. Wiederaufnahme der Versuche mit der Hochdruckluftpumpe (siehe Seite 86, Fig. 41). Die jetzige Versuchsanordnung war nach Fig. 52. Die äußerst sorgfältig durchgeführten Versuche wurden in langen Serien verglichen mit dem Betrieb der gewöhnlichen aus der Atmosphäre saugenden Luftpumpe (die damals noch einstufig war); sie ergaben folgendes:

Der Betrieb mit einer Luftpumpe, die ihre Luft vorkomprimiert aus dem Hauptzylinder entnimmt, ist durchführbar und hat keine besonderen Schwierigkeiten. Der Vorteil besteht in den geringen Dimensionen der Pumpe, der Nachteil in der Notwendigkeit eines gesteuerten Überströmventils und in dem Sinken der Motorleistung um 5—7 %, weil die sonst von außen zugeführte Einblaseluft fehlt. Petroleumverbrauch in beiden Fällen genau derselbe; bekanntlich hat die Maschinenfabrik Augsburg jahrelang dieses System in der Anordnung der Fig. 53 geliefert, bis sich allmählich herausstellte, daß bei den nach und nach in Gebrauch kommenden schweren Ölen und bei nicht sehr sorgfältiger Wartung leicht Betriebsstörungen des Überströmventils und der Luftpumpenventile auftraten, worauf das System verlassen wurde. (Vgl. S. 86.) Andere Firmen waren in der Zwischenzeit schon zur Kompound - Luftpumpe mit direkter Ansaugung aus der Atmosphäre übergegangen, wie sie schon an den ersten Versuchsmotoren zur Anwendung gekommen war.

Versuchsanordnung für die Hochdruck-Luftpumpe.

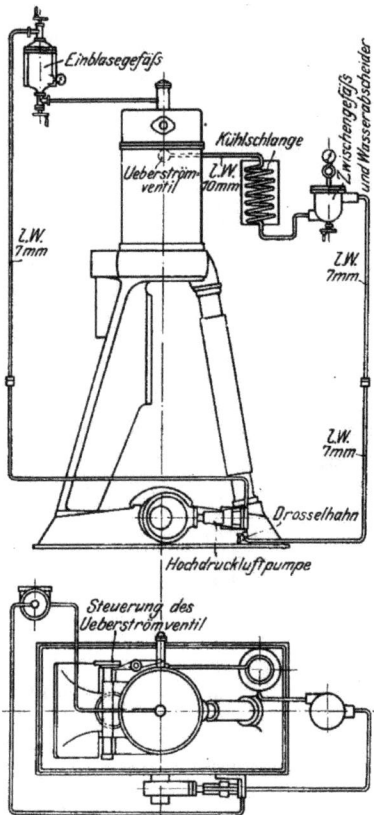

Fig. 52.

Selbsteinblasung.

Auf Seite 24 wurde bereits geschildert, wie der Gedanke der Selbsteinblasung sofort auftauchte, als festgestellt war, daß die Einblasung des Brennstoffes durch verdichtete Luft allein zum Ziele führe. Die ersten Selbsteinblasungsversuche wurden daher schon an der ersten Maschine gemacht, deren Verbrennungskammer im Kolben lag, und führten zu gutem Leerlauf. Das damals erzielte Diagramm Nr. 12 siehe Diagrammtafel I. Der Druckverlust zwischen höchster Verdichtung und Verbrennung war 10—12 at; es traten damals schon ungünstige Wechselwirkungen zwischen Verbrennungs- und Düsenraum auf.

Im Juli 1899 wurde beschlossen, diese Selbsteinblasungsversuche wieder aufzunehmen, um endgültig festzustellen, was daraus zu machen sei.

Bei diesen Versuchen diente die gewöhnliche Düse mit Siebzerstäuber und
kalibrierter Düsenplatte als Einführvorrichtung; als Brennstoffsteuerung diente die

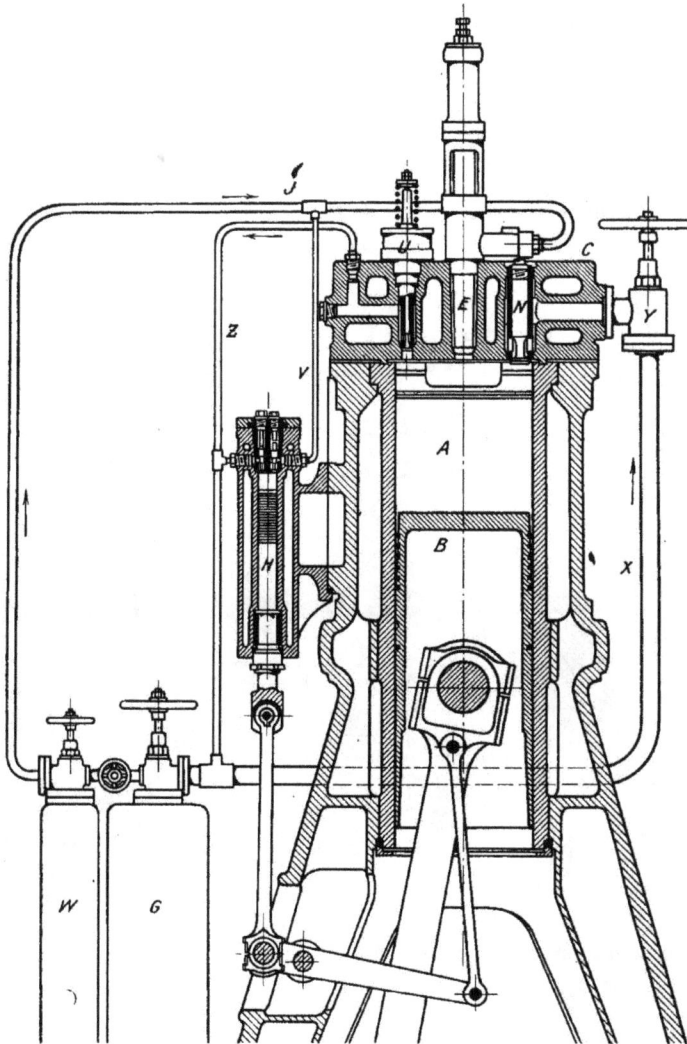

Fig. 53.

in Fig. 54 wiedergegebene, also eine Abschnappsteuerung mit Füllungsvariation bei
gleichbleibendem Öffnungsbeginn, die seinerzeit für die Gasversuche (s. S. 38 u. S. 116)
gebaut worden war. Das Überströmventil ist in Fig. 55 dargestellt, es war an Stelle

des früheren Sicherheitsventils der Fig. 23 seitlich in eine Bohrung des Zylinderflansches eingeschraubt, das Ventilgehäuse war wassergekühlt.   Endlich zeigt
Fig. 56 die gesamte Versuchsanordnung, die ohne Erläuterung verständlich ist;
selbstverständlich hätte man das Einblasegefäß, den Wasserabscheider und die
Kühlschlange in einem einzigen Apparat vereinigen können (wie das bei späteren
Ausführungen auch geschah); aber diese Teile waren vorhanden, und für die Versuche wurden sie ohne viele Umstände so gewählt, wie sie waren.   Die Überström-
luft diente auch, wie aus dieser Figur ersichtlich, zum Auffüllen der Anlaßflasche,
wie auch schon im Jahre 1894.

Brennstoffventil in seiner Anordnung für den Betrieb mit Gas allein.

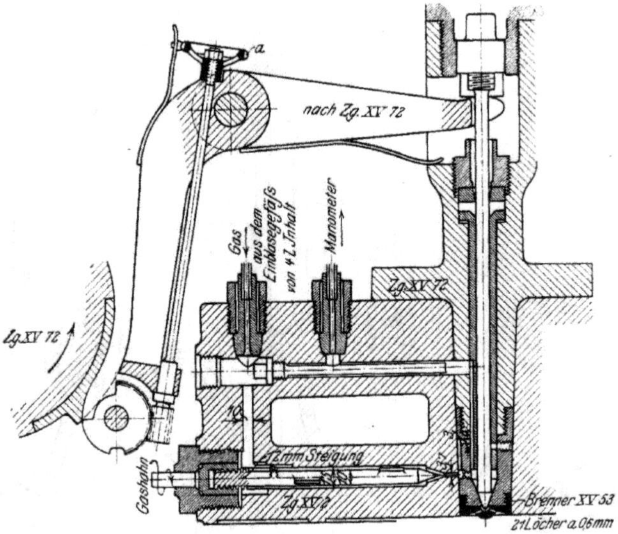

Fig. 54.

Auf diese Weise wurde tadellose Ingangsetzung, ebensolcher Motorbetrieb
bei unsichtbarem Auspuff mit prachtvollen Diagrammen nach Fig. 57 erzielt, und
zwar bei 42 at Kompression.   Fig. 58 zeigt die Diagrammentwicklung bei 50 at
Verdichtung.

In beiden Fällen ist die im Diagramm erreichte Kompression um 1—2 at
geringer als bei feststehendem Überströmventil festgestellt wurde.   Der Druckverlust zwischen höchster Verdichtung und Verbrennung ist im ersten Falle 14,5,
im zweiten Falle 17,2 at. Alle diese Diagramme sind mit Nacheilung erzielt, d. h.
mit Eröffnung der Nadel nach Überschreitung des oberen Totpunktes.

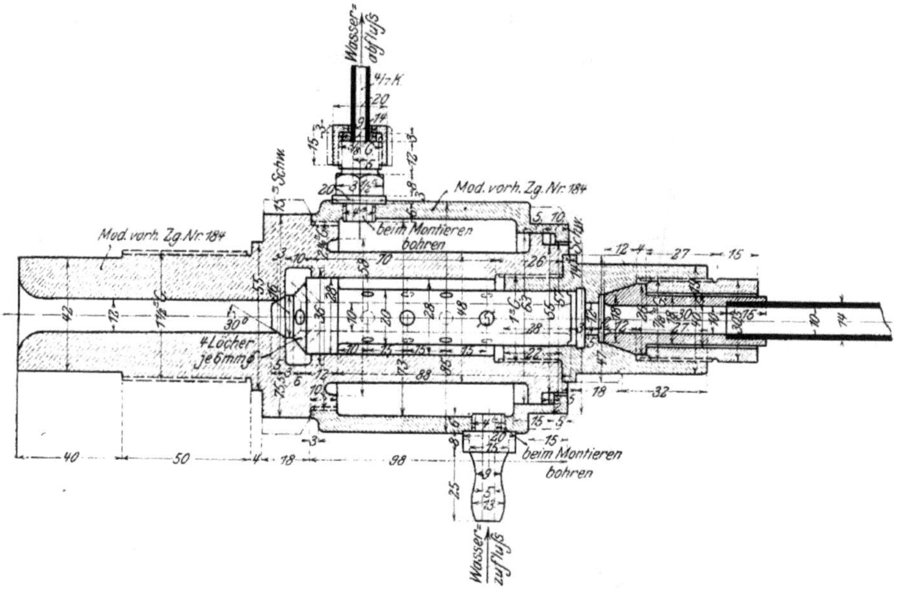

Fig. 55.

Rohrleitungsschema für Selbsteinblasungsversuche.

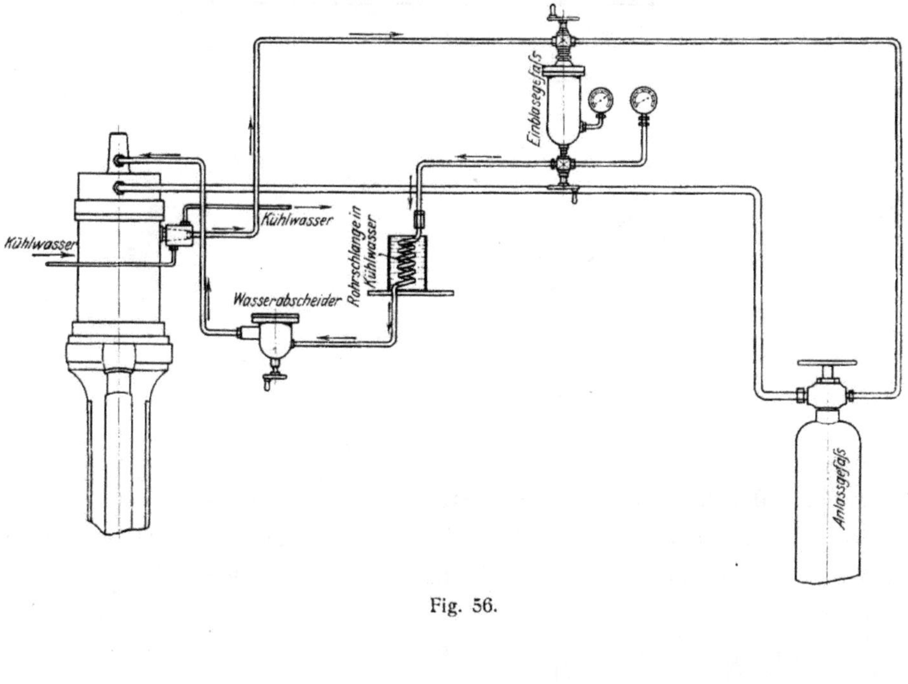

Fig. 56.

Diese schönen Diagramme und der Betrieb waren vielverheißend, und es bestand lange Zeit die Hoffnung, eine brauchbare Maschine ohne Luftpumpe auf diese Weise zu erzielen.   Leider aber nahmen immer nach einigen Betriebsstunden die

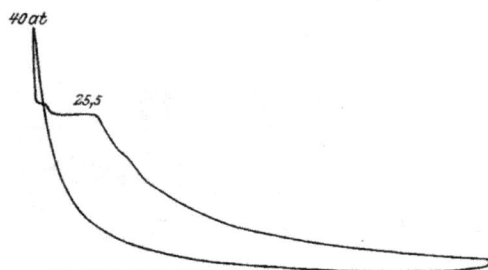

Fig. 57.

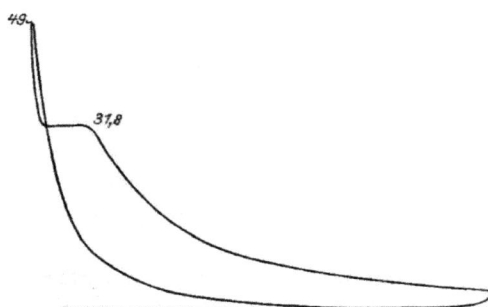

Fig. 58.

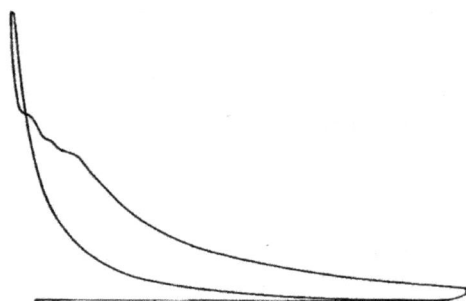

Fig. 59.

Diagramme allmählich eine Form nach Fig. 59 an, wurden schmaler und schmaler, gleichzeitig wurde der Auspuff zunächst sichtbar, dann russig, und jedesmal ergab die Untersuchung, daß der Zerstäuber im Innern der Düse sich mit Ruß und Kohle zugesetzt hatte.

Es fand also ein Rückströmen von hochverdichteter Luft während der Öffnungsperiode der Nadel vom Verbrennungsraum in die Düse hinein statt und damit in letztere eine erstickte, russige Verbrennung, welche den Zerstäuber verstopfte.

Trotz monatelanger Versuche, die Steuerung zu ändern, konnte dieser Fehler nicht beseitigt werden, denn wenn die Nadel rechtzeitig ihre volle Öffnung haben soll, muß sie eine Zeit lang im voraus zu öffnen beginnen, und während dieser Eröffnungs z e i t findet der beschriebene Verkohlungsprozeß immer statt, ehe ein merkliches Rückströmen von der Düse in den Zylinder eintritt. Dazu kam, daß die Nadelöffnungen und Voreilungen, die für v o l l e Leistung gute Diagramme ergaben, für halbe oder überhaupt geringere Leistungen nicht mehr stimmten, und daß sonach auch die Steuerstellung, welche für das fehlerlose Anlassen nötig war, für den Betrieb nicht taugte; kurz, die Regulierung ergab große Schwierigkeiten, die bei der normalen Maschine mit Kompressoreinblasung, bei welcher der Zeitpunkt der Nadelöffnung immer derselbe ist, nicht bestehen.

Es wäre ja möglich gewesen, eine Steuerung mit veränderlichem Öffnungszeitpunkt zu konstruieren (wie sie heute mehrfach existiert), das hätte aber den wesentlichen Nachteil der Verbrennung in der Düse nicht ganz beseitigt; dazu kam, daß die Maschine für etwa 15 at höheren Druck gebaut werden mußte als der Verbrennungsdruck; sie wurde also teurer als die normale Maschine, deshalb wurde das Verfahren damals aufgegeben (7).

B. Flüssige Brennstoffe.

Es wurde schon auf Seite 8 erwähnt, daß bei den Augsburger Versuchen die Anwendung der f l ü s s i g e n Brennstoffe als das erste und wichtigste Ziel angesehen wurde, und daß der erste Motor n u r hierfür entworfen war; und zwar waren als Betriebsstoffe die R o h ö l e (6) in Aussicht genommen und für die allerersten Verusche im Juni 1893 war Pechelbronner Rohöl angeschafft worden. Da aber dieses Öl eine schwer entzündliche, dicke, braune Masse war, die selbst bei gewöhnlichen Temperaturen sich nicht durch Rohre fördern ließ, so wurden, um die großen Schwierigkeiten der Behandlung dieses Stoffes aus den Versuchen auszuschalten, zunächst Versuche mit Benzin, dann mit russischem und amerikanischem Lampenpetroleum gemacht, wie es im Laufe dieser Schrift geschildert wurde. Das gesonderte Studium der verschiedenen Rohöle und Abfallöle wurde auf die Zeit nach der Herstellung einer betriebssicheren Maschine vorbehalten (s. S. 8).

Diese Zeit war Ende 1897 gekommen. Die Versuche mit den verschiedenen flüssigen Brennstoffen fanden derart statt, daß jeder derselben im Dauerbetrieb im Versuchsmotor erprobt wurde, unter Entnahme von Diagrammen, Messung des

Verbrauchs und Beobachtung seines Verhaltens im Motor bei der Zündung und
Verbrennung, im Zerstäuber und im Düsenmundstück, ferner in bezug auf Aus-
sehen und Geruch der Auspuffgase, Verunreinigung der Maschine usw. Gleichzeitig wurden Versuche außerhalb des Motors angestellt in bezug auf Heizwert
und physikalische Eigenschaften, Verunreinigung durch Wasser und mechanische

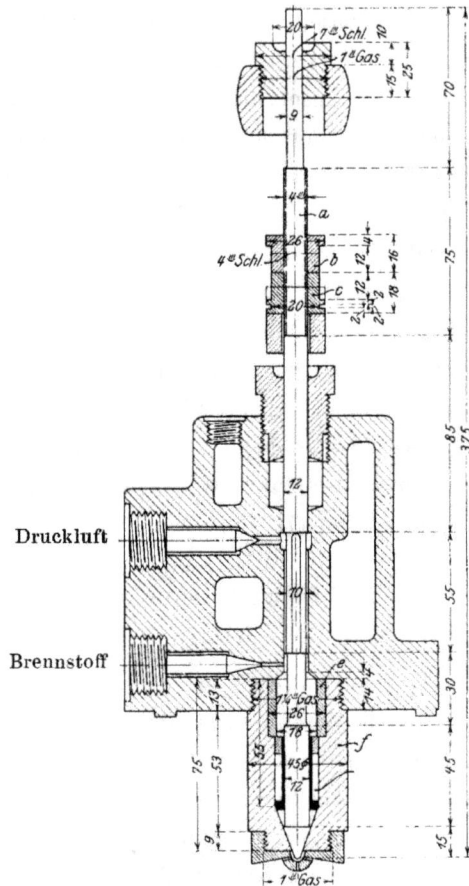

Fig. 60.

Beimengungen, Verhalten beim Zerstäuben und Brennen an offener Luft in Brennern
und Lampen usw. Über jeden einzelnen Brennstoffversuch wurden Journale geführt, sowie Ursprung, Lieferant und Preise notiert.

Zwischen die verschiedenen Brennstoffversuche wurden von Zeit zu Zeit
Normalversuche mit Lampenpetroleum eingeschaltet, um immer wieder direkte
Vergleichswerte zu haben.

Für die Zerstäubungs- und Brennversuche a n   o f f e n e r   L u f t wurde ein Hilfsapparat zur Zerstäubung von flüssigen Brennstoffen nach Fig. 60 hergestellt.

Dieser bestand aus dem früheren Nadelventilgehäuse der Fig. 15, an dem seitlich ein Spitzventil für Brennstoff und eines für Druckluft angebracht waren; in das Innere der Düse wurden die verschiedenen Zerstäuber und an deren Ausmündung verschieden gestaltete Mundstücke angebracht, um die Nebel- und Flammenbildung an offener Luft zu beobachten.

Die s y s t e m a t i s c h e Durchführung der Versuche mit den verschiedenen flüssigen Brennstoffen war ungemein erschwert infolge der fortwährenden Unterbrechungen durch Vorführungen, offizielle Versuche, Demontagen und innere Besichtigungen der Maschine usw.   Ruhe und System konnte in diese Versuche erst gebracht werden, als der früher von der Maschinenfabrik Augsburg dem Kruppschen Grusonwerk als Fabrikationsmuster gelieferte Motor (s. S. 63) gleicher Konstruktion zurückkam und im März 1898 für die Versuche mit flüssigen Brennstoffen ganz zur Verfügung gestellt wurde; diese Maschine, der sog. B-Motor, wurde zu diesem Zweck in einem Nebenlokal aufgestellt, das von den Störungen durch Besuche usw. weniger berührt wurde (s. S. 93).

In den folgenden Versuchsberichten ist nicht besonders erwähnt, welche Versuche noch mit dem alten, sog. A-Motor, und welche mit dem B-Motor gemacht wurden.   Es sind auch die charakteristischen Diagramme oder die Verbrauchsziffern der einzelnen Brennstoffe nicht mitgeteilt, weil das alles heute kein Interesse mehr hat.

Die wichtigsten Versuche am B-Motor mit flüssigen Brennstoffen, auch mit Teerölen, wurden von Herrn Lietzenmayer durchgeführt, der auch die Journale führte.

Es hat heute auch keinen Wert mehr, über die Einzelheiten der Versuche zu berichten oder auseinanderzusetzen, mit welchen Zerstäubern, Düsenmundstücken und Steuerungen sie durchgeführt wurden.   Heute brennt ungefähr jeder flüssige Brennstoff im Motor, damals aber war jeder neue Brennstoff mit neuen Erscheinungen verbunden, die nicht ohne weiteres zu deuten waren, und stellte neue Aufgaben, die manchmal Wochen, auch Monate zu ihrer Lösung bedurften.   Diese Arbeiten führten zu fortwährenden Abänderungen an den Zerstäubern und ihren Dimensionen an den Düsenmundstücken und Einblaseöffnungen, die aber nach und nach zu endgültigen typischen Formen führten.   Während anfangs jedes Öl individuell behandelt werden mußte, und auch anfangs die Meinung bestand, daß für verschiedene Ölsorten verschiedene Konstruktionen der Einspritzorgane erforderlich werden würden, zeigte sich später, daß nach Beseitigung der feinen Zerstäubersiebe und Ersatz derselben durch Lochplatten und nach endgültigem Ersatz der Streumundstücke durch kalibrierte Düsenöffnungen jedes Öl mit den gleichen Organen eingeführt werden konnte. Als diese Erkenntnis erreicht war, unterschieden sich die verschiedenen Ölsorten im allgemeinen nur noch in der mehr oder weniger schwierigen Zündfähigkeit. Anfangs suchte man der Schwierigkeiten der Zündung durch höhere Kompressionen Herr zu werden, bis man erkannte, daß durch geeignete Mischungen schwer und leicht entzündlicher Brennstoffe oder besser noch durch das 1894 zuerst angewendete Mittel des in die Düse eingelagerten Zündbrennstoffes eigentlich alle Schwierigkeiten behoben werden konnten.

Nach diesen Vorbemerkungen wird es genügen, nur noch eine Liste der Brennstoffe zu geben, welche in den Jahren 1898 und 1899 noch ausprobiert wurden. Zunächst wurden nach den offiziellen Versuchen des Sommers 1897 eine Reihe von amerikanischen, russischen, galizischen und rumänischen L a m p e n ö l e n , sowie B e n z i n e und L i g r o i n e erprobt, welche jedoch nichts neues ergaben. Die flüchtigen, benzinartigen Brennstoffe waren im Motor wohl brauchbar, wurden aber doch ihrer Preise halber von vornherein für praktischen Betrieb nicht in Aussicht genommen.

Dann wurde ein Schritt weiter gegangen, zu schwereren Ölen, als Lampenöle, und zwar wegen des damals noch sehr hohen Zolles auf ausländische Öle (15 ℳ per ⁰/₀ kg netto), zu inländischen Produkten, nämlich den Abfallprodukten der Paraffinfabrikation in den Braunkohlenschwelereien, den B r a u n k o h l e n t e e r ö l e n , auch P a r a f f i n ö l e genannt, sämtlich von der Sächsisch-Thüringischen Aktiengesellschaft für Braunkohlenverwertung in Halle a. S. Die ersten Versuche wurden im Herbst 1897 mit Rotöl und Gelböl und dann mit sog. dunklem Paraffinöl und Solaröl gemacht. Diese Brennstoffe ergaben anfangs sehr große Schwierigkeiten. Das Anlassen der Maschine gelang zunächst sehr schwer; es mußte mit gewöhnlichem Petroleum angelassen und dann auf Paraffinöl umgeschaltet werden, wenn die Maschine betriebswarm geworden war. E r s t e p r a k t i s c h e A n w e n d u n g e i n e s b e s o n d e r e n A n l a ß b r e n n s t o f f e s b e i s c h w e r e n t z ü n d l i c h e n Ö l e n . Diese Öle hatten immer einen starken Hang zur Rußbildung und verstopften die feinlochigen Streubrenner sehr rasch.

Die früher schon immer und immer wiederholten Versuche mit kalibrierten Düsenplatten wurden daher mit Rücksicht auf diese schweren Öle von neuem aufgenommen und endgültig gelöst (S. 96). Diese schweren Öle zwangen uns auch, die Kühlung der Einblaseluft sorgfältiger vorzunehmen, da die heiße Einblaseluft zu Kohlebildungen im Zerstäuber Anlaß gab. Bei guter Kühlung der Einblaseluft hörten aber diese Nachteile auf, und der Drahtgewebezerstäuber bewährte sich auch für diese schweren Öle so gut, daß p r i n z i p i e l l kein Anlaß bestand, ihn zu ersetzen.   Nur die leichte Zerstörbarkeit der Draht- gewebe durch Oxydieren und durch Zerreißen infolge der heftigen Luftströmungen waren noch ein Nachteil dieses wichtigen Organs, so daß durch Versuche ein dauer- hafterer Zerstäuber gefunden werden mußte (s. S. 97).

Als aber all diese Fragen in langer Arbeit endgültig gelöst waren, ging der Betrieb mit diesen Ölen anstandslos, womit die Gruppe der Paraffinöle in den Kreis der Anwendung gezogen war.   Als normaler Verbrauch wurden im Dezember 1907 (schon vor Lösung all dieser Probleme) 240—250 g pro PSe.-Stunde erzielt, was mit Berücksichtigung des Unterschiedes im Heizwerte einem Verbrauch von 230 bis 240 g Lampenpetroleum entsprach (bei dem 18 PS-Motor).

Von inländischen Produkten wurden dann noch verschiedene Sorten sog. M e s s e l ö l e aus der Gewerkschaft Messel b. Darmstadt durchprobiert; diese verbrannten gut, waren für den Betrieb sehr geeignet, zeigten aber immer Neigung zu Krustenansatz am Düsenloch.

Hierauf wurden ausländische Schweröle in Angriff genommen, und zwar zuerst im Dezember 1897, Dauerbetrieb mit G a s ö l und F u e l - O i l , die von den a m e r i k a n i s c h e n Lizenznehmern geschickt worden waren.   Diese Versuche gelangen sofort, der Betrieb war besser als mit Lampenpetroleum.   Zu dieser Gattung der sog. Z w i s c h e n ö l e gehörten dann auch verschiedene r u s s i s c h e S o l a r ö l e , ferner das galizische B l a u ö l , das P e c h e l b r o n n e r S o l a r ö l . Alle diese Zwischenöle verhielten sich im Motor ausgezeichnet und bilden eigentlich heute noch, solange deren Erzeugung ausreicht, weitaus den größten Beitrag zu den im Dieselmotor verwendbaren Ölen.

Hierauf wurden die eigentlichen R o h ö l e durchprobiert, und zwar R o h - n a p h t h a aus B a k u , r o h e Q u e l l ö l e aus R u m ä n i e n und G a l i z i e n , ferner von deutschen Produkten R o h ö l e a u s T e g e r n s e e und O e l h e i m (Hannover).   Auch diese Gruppe von Ölen leistete der Verwendung im Diesel- motor nicht den geringsten Widerstand; ihr Gehalt an flüchtigen Bestandteilen erleichterte sogar das Zünden und Anlassen und infolge der explosiblen Wirkung auch das Zerstäuben.

Größere Schwierigkeiten machte die nunmehr folgende Gruppe der N a p h t h a r ü c k s t ä n d e , d. h. derjenigen Produkte, welche n a c h den Zwischenölen übergehen.   Es wurde von Gebrüder Nobel aus B a k u r u s s i - s c h e s M a s u t verschiedener Qualitäten bezogen, wie sie in Rußland damals zu Kesselfeuerungen vielfach verwendet wurden. Die Zündung und Verbrennung dieser Produkte machten keinerlei Schwierigkeiten, wohl aber deren Förderung

durch die Ventile und engen Leitungen der Brennstoffpumpen. Diese letzteren
Schwierigkeiten wurden aber durch M i s c h u n g e n d i e s e r P r o d u k t e m i t
d ü n n f l ü s s i g e r e n Z w i s c h e n ö l e n überwunden. Es wurden deshalb auch
zahlreiche Versuche mit allerlei M i s c h u n g e n v o n R ü c k s t ä n d e n u n d
Z w i s c h e n ö l e n mit Erfolg durchgeführt.

Endlich wurden auch noch Versuche mit S p i r i t u s durchgeführt, und zwar
zuerst schon im Juni 1897, unmittelbar nach den offiziellen Versuchen Professor
Schröters. Der Spiritus des Handels zeigte je nach der Bezugsquelle ein ganz
verschiedenes Verhalten. Nach und nach wurde festgestellt, daß der starke Wasser-
gehalt des verdampfenden Spiritus den Wärmegehalt der verdichteten Luft so
sehr herabsetzte, daß eine Zündung und Verbrennung unsicher wurde. Außerdem erforderte der geringe Heizwert des Spiritus (5—6000 Kalorien) die Einspritzung
einer viel größeren Flüssigkeitsmenge, so daß die verdichtete Luft zu stark gekühlt wurde. Manchmal ging der Motor ohne weiteres an, manchmal war er überhaupt nicht in Gang zu bringen. Es kam oft vor, daß der Motor mitten im besten
Betrieb bockig wurde, mit Aussetzern arbeitete und nach und nach still stand.
Die Brauchbarkeit des Spiritus war demnach hauptsächlich von seinem Wasser-
gehalt abhängig. Ein ziemlich sicherer Betrieb wurde erzielt bei nur 5 % Wasser-
gehalt und etwas erhöhter Kompression (35 sogar 38 at.). Wahrscheinlich wäre
ein besserer Betrieb mit jeder Art Spiritus durchführbar gewesen, wenn ein Zündbrennstoff, wie früher bei den Gasversuchen (S. 34), angewendet worden wäre.

Diese Versuche wurden aber nicht weiter verfolgt, da die Spirituspreise
eine Konkurrenz mit den schweren Ölen vollständig ausschlossen, eine Ansicht,
die sich später als richtig herausstellte*). Ein sicheres Anlassen gelang mit Spiritus
nie, selbst wenn er ganz wenig Wasser enthielt; man mußte immer erst mit Petroleum
anlassen und dann bei warmer Maschine auf Spiritus umschalten. Infolge der
erforderlichen größeren Flüssigkeitsmenge beim Einspritzen mußten bei Spiritus-
betrieb größere Zerstäuber und größere Düsenlöcher angewendet werden, ebenso
mehr Einblaseluft, Isolierung der Einblaseleitung und höhere Verdichtung im
Verbrennungsraum. Unter Anwendung all dieser Vorsichtsmaßregeln gelang es,
mit 39 at. Kompression und 90 prozentigem Spiritus einen brauchbaren Betrieb
zu erzielen. Als bester Verbrauch wurde dabei pro PSi/Stunde erzielt 288 g
(90 prozentiger Spiritus) von 5660 Cal., entsprechend einem thermischen Wirkungsgrad von 39,0 %. Die Wärmeausnutzung des Spiritus war also identisch
mit derjenigen des Petroleums.

---

*) S. Z. d. V. D. I. 1899, S. 130. R. Diesel, Mitteilungen über den Diesel'schen Wärme-
motor.

Auch die Steinkohlenteeröle, Creosotöle und Benzole, wurden damals schon ausprobiert. Es kamen nach und nach an die Reihe Benzol von der Gesellschaft für Teer- und Erdölindustrie in Pasing, dann Gemische von Benzol und Teeröl in verschiedenen Mischungsverhältnissen von derselben Firma, ferner Gemische von Creosotölen und verschiedenen russischen Petroleumsorten.

Ferner wurden uns damals unter den verschiedensten geheimnisvollen Namen allerhand Mischungen von Teerölen, Creosotölen und Benzolen mit Produkten aus der Erdölindustrie zum Ausprobieren zugesandt.

Zu wirklichem Dauerbetrieb mit all diesen Produkten ist es damals nicht gekommen, wohl aber zu tadellosen kurzen Betrieben, die prinzipiell die Brauchbarkeit solcher Öle zweifellos erwiesen. Mit Einspritzung von Zündbrennstoffen wurde damals nicht gearbeitet, da der Motor keine Einrichtung dafür hatte, trotzdem das Verfahren für Gasbetrieb schon laufend angewendet worden war (siehe S. 34).

Die Journale über Teeröle aus jener Zeit zeigen, welch große Schwierigkeiten diese Öle machten und wie wir durch Umschalten von einem Brennstoff auf einen anderen, durch Abänderung der Düsenkonstruktionen, trotzdem damals mit gewissen Teerölmischungen tagelangen Betrieb aufrecht erhalten konnten, wenn für häufige Reinigung der Düse gesorgt wurde. Bei frisch gereinigter Düse waren die Diagramme normal und der Auspuff unsichtbar.

Die Schwierigkeiten bestanden zunächst in der fortwährenden Veränderung der Beschaffenheit und Zusammensetzung der gelieferten rohen und verarbeiteten Teeröle und der verschiedenen geheimnisvollen Mischungen. Bei jedem Fasse, auch dann, wenn seitens der Fabrik gleiche Ursprungskohle und gleiches Herstellungsverfahren garantiert waren, traten neue Erscheinungen auf, so daß es unmöglich war, wissenschaftliche Beobachtungen, klare Schlußfolgerungen und folgerichtige Versuchsanordnungen zu treffen. Die zweite große Schwierigkeit bestand in den schlammigen Niederschlägen von festen Kohlewasserstoffen, hauptsächlich Naphthalinen, welche den Betrieb der Brennstoffpumpe erschwerten, die Rohre und Düsen verstopften und sich in Form von Krusten an den Düsenmündungen ansetzten. Diese Beimengungen von festen Kohlewasserstoffen erforderten auch höhere Zündtemperatur.

Es entstanden oft längere Zeit hindurch normal entwickelte Diagramme bei völlig rußfreier Verbrennung, die dann aber scheinbar aus unerklärlichen Gründen wieder verschwanden. Grunds ä t z l i c h stand also damals schon fest, daß die Teeröle im Dieselmotor ebenso verwendbar waren wie die Erdöle, wenn es gelang, diejenigen Qualitäten, welche die guten Diagramme und Verbrennung aufwiesen, dauernd und unveränderlich von den Lieferanten zu erhalten. Die rohen Teeröle waren damals auch den Produzenten in ihren Eigenschaften noch nicht näher bekannt. Man ahnte beispielsweise noch nicht, daß die Verschiedenheit der Temperatur, die Form und Lage der Retorten usw. selbst bei ganz gleichen Kohlen völlig verschiedene Teerprodukte ergaben*).

Da durch anderweitige Versuche so viele Brennstoffe als brauchbar nachgewiesen worden waren und da der Gesamtbedarf an Dieselmotorölen ohnehin noch gering war, so bot eine weitere Durchführung der Teerölversuche d a m a l s kein genügend wirtschaftliches Interesse.

Anders lag aber die Sache in Frankreich, wo die außerordentlich hohen staatlichen und städtischen Abgaben auf die ausländischen Brennstoffe uns in die Zwangslage versetzten, inländische Produkte zu verwenden. Es wurden deshalb in der französischen Dieselmotorfabrik in Bar-le-Duc unter Leitung des Herrn Frédéric Dyckhoff die Teerölversuche, welche in Augsburg aufgegeben worden waren, weitergeführt mit dem Ergebnis, daß diese Fabrik j a h r e l a n g i h r e n e i g e n e n B e t r i e b m i t T e e r ö l e n a u s d e n K o k e r e i e n v o n L e n s a u f r e c h t e r h i e l t, wobei die Hilfsmittel des Anwärmens des Teeröls mit Abgasen und des fortwährenden Umrührens mittels mechanischer Rührwerke angewendet wurden.

Allerdings war auch dort eine häufige Reinigung der Maschine und sachverständige Aufsicht erforderlich, aber die Versuche führten so weit, daß die französische Diesel-Gesellschaft in ihrem Geschäftsbericht von 1905 öffentlich ankündigte, daß nunmehr die Verwendung der Teeröle den Gebrauch des Dieselmotors in Frankreich in günstigere Bahnen führen werde (10).

S c h i e f e r ö l e wurden in Augsburg nicht ausprobiert, weil in Deutschland dafür kein Interesse bestand, aber schon der erste Dieselmotor in England (vgl. Fig. 40) wurde im Jahre 1898 mit s c h o t t i s c h e m S h a l e - O i l betrieben, und die stationären Motoren in Frankreich wurden fast ausschließlich mit Schieferölen (huile de schiste) betrieben, da dort alle anderen Ölsorten ihrer Preise halber überhaupt nicht in Betracht kommen konnten.

---

*) S. Z. d. V. D. I. 1911, S. 1345. R. Diesel, Überblick über den heutigen Stand des Dieselmotorbaues und die Versorgung mit flüssigen Brennstoffen.

Der Vollständigkeit halber ist auch noch zu erwähnen, daß schon im Jahre 1900 auch P f l a n z e n ö l e im Dieselmotor mit Erfolg verwendet wurden. Auf der Pariser Ausstellung 1900 wurde von der französischen Otto-Gesellschaft ein kleiner Dieselmotor mit A r a c h i d e n - (E r d n u ß -) Ö l betrieben. Er arbeitete dabei so gut, daß nur wenig Eingeweihte von diesem unscheinbaren Umstande Kenntnis hatten. Der Motor war für Erdöl gebaut und war ohne jede Veränderung für das Pflanzenöl verwendet worden. Auch hier ergaben die Konsumversuche eine mit Erdölbetrieb vollständig identische Wärmeausnutzung.

Durch die jahrelange Erprobung im Dauerbetriebe nahezu aller Arten von flüssigen Brennstoffen kam das Augsburger Laboratorium mit den Produzenten aller Länder in Verbindung und gab nach überallhin Anregung[*]). Es ist außer Zweifel, daß von dort aus die Frage der flüssigen Brennstoffe gleich in vollem Umfang aufgerollt und größtenteils auch schon geklärt wurde. Sie hat seither nicht mehr geruht, hat einen immer größeren Umfang angenommen und steht heute im Vordergrunde des Interesses.

C. Gasförmige Brennstoffe.

Die ersten Gasversuche wurden, wie bereits auf Seite 30 u. ff. erwähnt, gemacht, weil es anfangs nicht gelang, den Motor mit flüssigem Brennstoff in Betrieb zu bringen und weil daraus geschlossen wurde, daß der flüssige Brennstoff a u ß e r h a l b des Motors v o r h e r vergast werden müsse. Es sollten dann aus den Versuchen mit reinem Gas Rückschlüsse auf die Behandlung der flüssigen Brennstoffe gezogen werden.

Die vierte Versuchsreihe war daher im wesentlichen den Gasversuchen gewidmet. Fig. 5 und 6 geben die damalige Versuchsanordnung für Leuchtgas wieder.

Im November 1894 erfolgte nach zahlreichen Vorversuchen der Zündung und Verbrennung von Gasströmen an offener Luft der erste Gasbetrieb in der ersten Versuchsmaschine, bei welcher die Verbrennungskammer noch im K o l b e n lag; er ergab unrichtige Diagrammformen und fortwährende Versager. Erkenntnis, daß dies von der Selbstisolierung der Flamme herrührte, weil keine Luft mit eingeblasen wurde. Die Versager werden durch gleichzeitige Einblasung geringer Mengen flüssigen Brennstoffes beseitigt, die Diagrammentwicklung durch kalibrierte Düsenmündungen beeinflußt (siehe S. 34); der Grundfehler, die Selbst-

---

[*]) Z. d. V. D. I. 1903, Nr. 27. P. v. Lossow, Die geschichtliche Entwicklung der Technik im südlichen Bayern.

isolierung der Flamme und das damit verbundene Nachbrennen bleibt aber bestehen. Durch besondere, siebförmige Mischmundstücke wird dann die Selbstisolierung beseitigt und ein befriedigender Gasbetrieb erzielt.

In der fünften Versuchsreihe (S. 41) im April 1895 werden die Gasversuche
mit einem anderen Motor wiederholt, bei welchem die Verbrennungskammer
im D e c k e l liegt; gleiche Erfahrungen; durch Umkonstruktion des Brenners
nach Fig. 21 wird ein regelrechter Gasbetrieb ohne Zündbrennstoff mit 7,5 kg cm²
mittlerem Druck erzielt, und zwar in einem Motor, der mit demjenigen für flüssige
Brennstoffe bis ins kleinste Detail, auch der Düsenkonstruktion, a b s o l u t
i d e n t i s c h   w a r. Gaskonsum bedeutend besser als bei allen d a m a l i g e n
Gasmotoren (Oktober 1896).

Diese Versuche wurden dann mit dem Motor von 1897, bei dem der Verbrennungsraum zwischen Deckel und Kolben lag, häufig wiederholt; immer wieder
zeigten sich Unregelmäßigkeit und Nachbrennen im Diagramm und viele Fehl-
zündungen. Immer aber war es möglich, die Fehlzündungen durch kleine Tropfen
in der Düsenspitze vorgelagertem Zündbrennstoffes zu beseitigen. Bei Erhöhung
der Kompression auf 35 at konnte der Zündbrennstoff für den 20 PS-Motor auf
100 g pro Stunde, d. i. auf 5 g pro PSe/Stunde vermindert werden. Das selbständige Anlassen mit Gasbetrieb gelang stets sehr gut, aber der Streubrenner
verstopfte sich bei Gas immer rascher als bei flüssigen Brennstoffen wegen des
Gehalts des Gases an s c h w e r e n Kohlenwasserstoffen und insbesondere an
kleinen T e e r p a r t i k e l c h e n. Im Herbste 1897 wurden Gasdiagramme
bis 7,98 kg cm² bei gutem Auspuff ohne Rußbildung erzielt (20. September 1897).
Die Messungen ergaben dann am 5. November 1897 als beste Leistung einen Gas-
verbrauch pro PSi/Stunde (auf 5000 Cal., 760 mm Barometerstand und 0° Celsius
reduziert, Zündbrennstoff in Gas umgerechnet) von 344 l, und einen thermischen
Wirkungsgrad von 37,1 %. Kontrollversuch am 8. November 1897 336 l und
38,0 %. Diese Wärmeausnutzung war identisch mit derjenigen für flüssige
Brennstoffe.

Es wurden dann, wie b e r e i t s   a u s g e f ü h r t, längere Zeit die Versuche
mit Leuchtgas systematisch am reparierten A-Motor unter Leitung des Herrn
Dieterichs wiederholt; es hat keinen Wert, diese Versuche hier noch im einzelnen
zu schildern. Als interessant mag nur erwähnt werden, daß die Regulierung des
Gaszuflusses durch die Düse durch veränderliche Admissionsperiode erfolgte,
mittels der Steuerung nach Fig. 54. Durch Drehung der kleinen Kurbel a konnte
das am unteren Ende des Steuerhebels befindliche Steuerstück derartig um seine
Achse verdreht werden, daß bei stets gleichbleibendem Eröffnungs b e g i n n

die D a u e r und der Hub der Nadelöffnung in weiten Grenzen verändert werden konnte. Fig. 61 zeigt die Variation der Einblasedauer und des Nadelhubes für verschiedene Stellungen der Steuerung. Es wurden auch Versuche mit seitlicher Einblasung des Gasstromes gemacht (siehe Fig. 50 S. 99).

Trotz endloser Variationen der Versuchsorgane und der Versuchsbedingungen in bezug auf Füllungen, Kompression, Einblasedruck usw. wurde nichts Besseres mehr erzielt als schon im November 1897; d. h. rund Gaskonsum pro PSi/Stunde etwa 350 l und pro PSe/Stunde etwa 485 l bei einem thermischen Wirkungsgrad von etwa 36 %. Die oben aus der fünften Versuchsreihe gegebenen Zahlen waren sogar noch etwas besser, weil damals die Verbrennungskammer im Deckel für G a s eine günstigere Gestalt hatte als die flache Verbrennungskammer des jetzigen Motors; für die erstere Verbrennungskammer konnten bessere Mischmundstücke hergestellt werden.

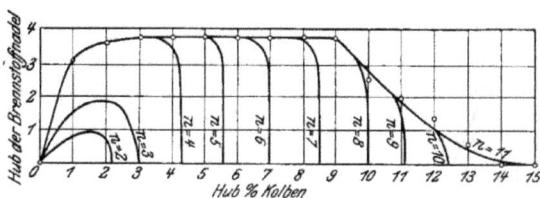

Fig. 61.

Dagegen lohnt es sich auch heute noch darzulegen, warum der Gasmotor nach dem Dieselprinzip nicht ebenso wie der Motor für flüssige Brennstoffe ins Leben getreten ist.

Die graphische Auswertung der Gasversuche ist in der Fig. 62 bis 67 zusammengestellt. Dort ist zunächst das beste erzielte Gasdiagramm in Fig. 62 wiedergegeben. Das Verhalten des Dieselgasmotors wurde an Hand solcher Diagramme in eingehenden wissenschaftlichen Untersuchungen, die von den Herren Karl Dieterichs und Max Ensslin durchgeführt wurden, mit dem Dieselmotor für flüssige Brennstoffe und dem Explosionsgasmotor verglichen. In Fig. 62 ist an den einzelnen Kurventeilen der Exponent der polytropischen Kompressions- und Expansionskurven eingetragen. Letztere zeigen ein Nachbrennen bis Punkt N weit über die Mitte der Expansionslinie hinaus. Hierbei ist zu berücksichtigen, daß auch dieser Punkt N der Expansionslinie, von welcher ab scheinbar keine Wärmezufuhr mehr stattfindet, nur einen G l e i c h g e w i c h t s z u s t a n d markiert zwischen Wärmezufuhr (Nachbrennen) und Wärmeentziehung (durch das Kühlwasser). In den Fig. 63 und 64 ist noch der Verlauf der Exponenten graphisch dargestellt.

In Fig. 65 ist in einem Netz von Adiabaten für reines Gas das vorige Diesel-Gasdiagramm und ein Explosionsgasdiagramm eingezeichnet; es zeigt sich, daß die Expansionslinie des Dieselmotors die Adiabaten schneidet, daß also starkes Nachbrennen auf $^2/_3$ der Expansion (bis etwa Punkt N) stattfand, während beim Gasmotor umgekehrt die Verbrennung bald nach Erreichung des Höchstdruckes

Dieselmotor mit Gasbetrieb unter Einspritzung von Zündbrennstoff.

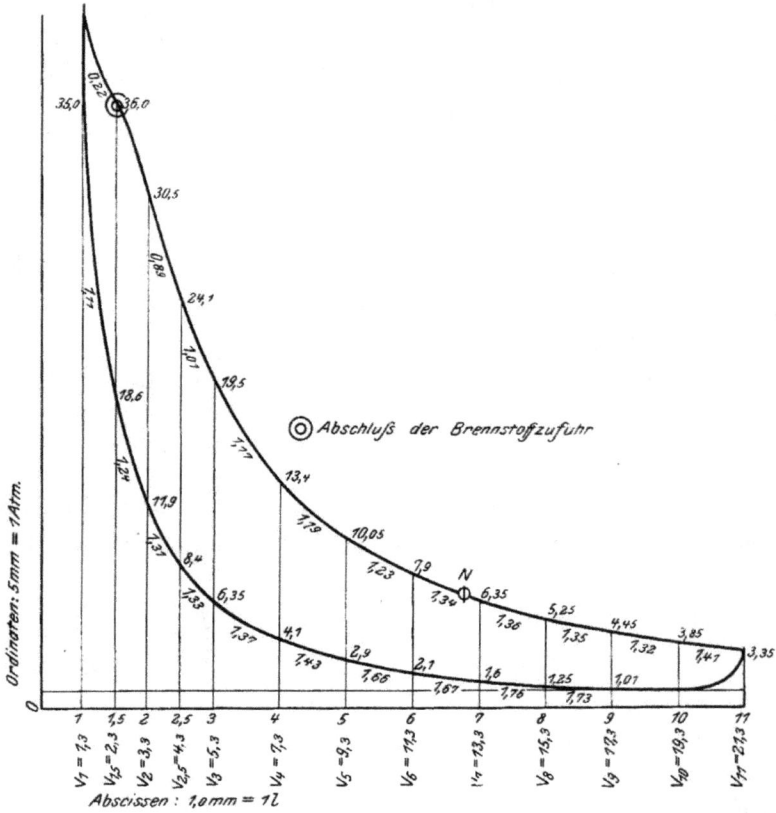

Fig. 62.

vorüber ist und während der Expansion ständig eine kleine Wärmeabfuhr stattfindet. Diese Verhältnisse wären noch viel schärfer in der Figur hervorgetreten, wenn das Adiabatennetz nicht mit dem Exponenten 1,41 für reines Gas, sondern mit dem veränderlichen Exponenten der wirklichen Verbrennungsprodukte eingetragen wäre.

Die Fig. 66 zeigt die Abbildung des Dieselschen Indikatordiagramms für Gasbetrieb im Entropiediagramm nach Professor Stodola unter Berücksichtigung
der Veränderlichkeit der spezifischen Wärme und der Zusammensetzung der Verbrennungsprodukte. Die Kompressionslinie zeigt in ihrem unteren Teile Wärmezufuhr durch die heißen Wandungen, dann Wärmeabfuhr i n die Wandungen.

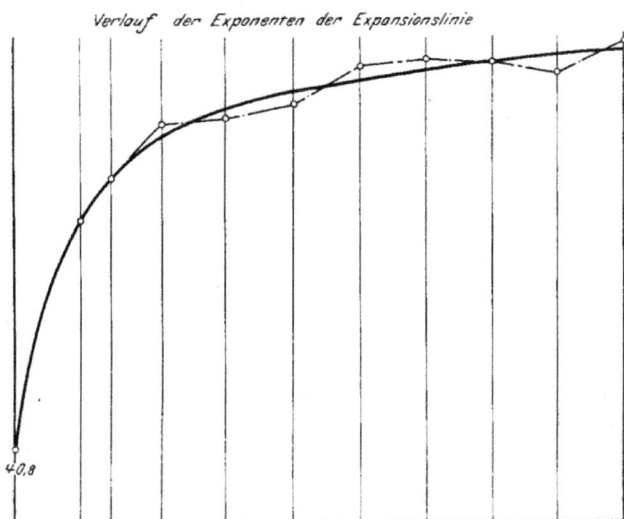

Verlauf der Exponenten der Expansionslinie

eingespritztes Petroleum = 350g pro Stunde
thermischer Wirkungsgrad: η_{th} = 35%
mittlerer ind. Druck: pi_m = 7,62 kg pro qcm

Fig. 63.

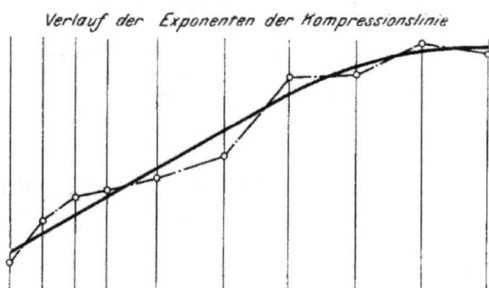

Verlauf der Exponenten der Kompressionslinie

Fig. 64.

Die Temperaturskala zeigt, daß die Wandungstemperatur ganz bedeutend niedriger
ist als die Expansionsendtemperatur, von einem Rückströmen von Wärme aus den
Wandungen während der Expansion an das arbeitende Medium also keine Rede
sein kann.

Fig. 67 zeigt die Abbildung für den Explosionsgasmotor. Es geht daraus schlagend hervor, daß hier kein Nachbrennen stattfindet; die Wärmezufuhr findet lediglich von 1—2, also bei steigendem Druck, statt; im Punkt 2 ist sämtlicher Brennstoff verbrannt, was aus dem scharfen Knick hervorgeht, mit dem die Expansionslinie umkehrt.

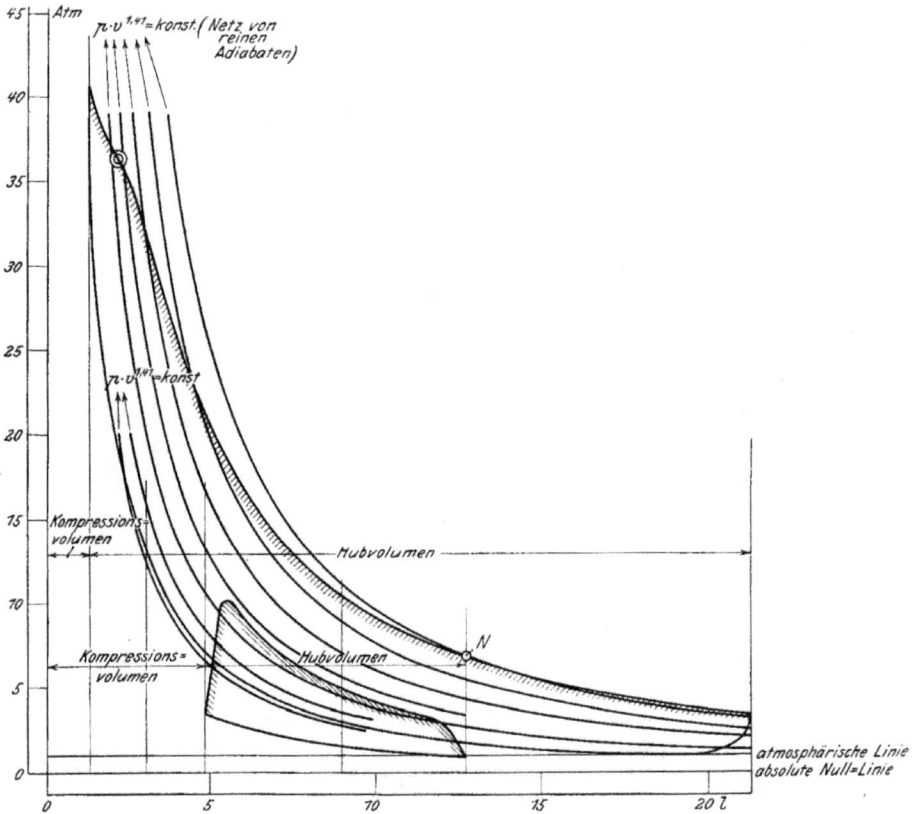

Fig. 65.

Fig. 68-71 zeigen zum Vergleich die Indicator- und Entropiediagramme des Dieselmotors für f l ü s s i g e Brennstoffe bei voller und halber Belastung. Es ist ersichtlich, daß das Nachbrennen hier bei weitem nicht so intensiv auftritt, wie beim Diesel-Gasmotor. Fast der gesamte Brennstoff ist bei Abschluß der Zufuhr verbrannt. Dieser bedeutend bessere Verbrennungsvorgang beruht auf der Einblasung des flüssigen Brennstoffes mittels Luft.

Es ist als sicher anzunehmen, daß ein gleichzeitiges Einblasen von Luft mit dem Gasstrom den Motor wesentlich verbessert und ähnliche Verbrennungskurven wie für Petroleum erzeugt haben würde.

Daran konnte aber nicht gedacht werden; denn neben der Gaspumpe noch eine Luftpumpe zu betreiben, hätte dem Motor eine Kompliziertheit gegeben, die

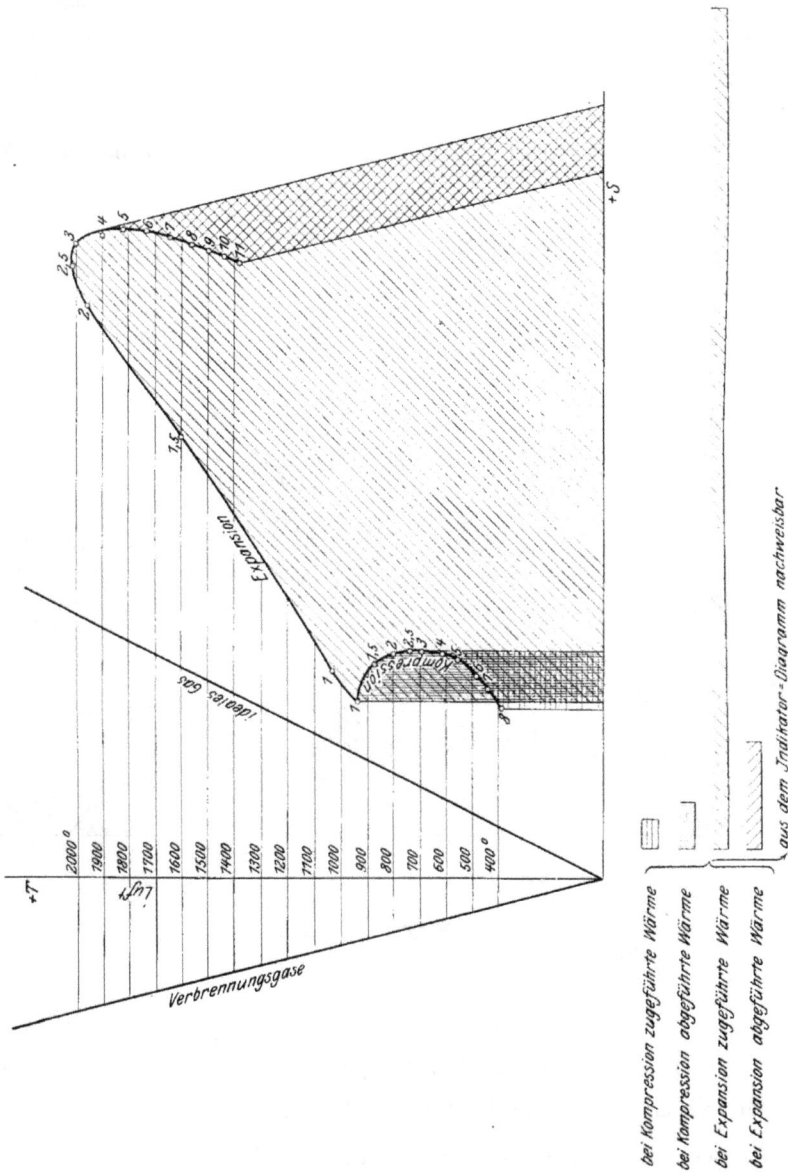

Fig. 66.

von den thermischen Vorteilen nicht mehr aufgewogen worden wäre, namentlich bei Anwendung von Kraftgas, wo die Gaspumpe wegen des geringen Heizwertes zu bedeutende Dimensionen erfordert hätte und infolgedessen noch ein wesentlicher Verlust durch unvollständige Expansion mit in den Kauf zu nehmen gewesen wäre.

Allerdings waren seit der Anmeldung des ersten Patentes anfangs 1892 bis jetzt, 1899, sieben Jahre verflossen und gerade in dieser Zeit hatte der Explosionsgasmotor, nachdem durch die Augsburger Versuche die Möglichkeit der hohen Kompressionen erwiesen war, e i n e n   g e w a l t i g e n   S c h r i t t   v o r - w ä r t s   i n   d e r   W ä r m e a u s n ü t z u n g   g e t a n , so daß der vom Diesel-

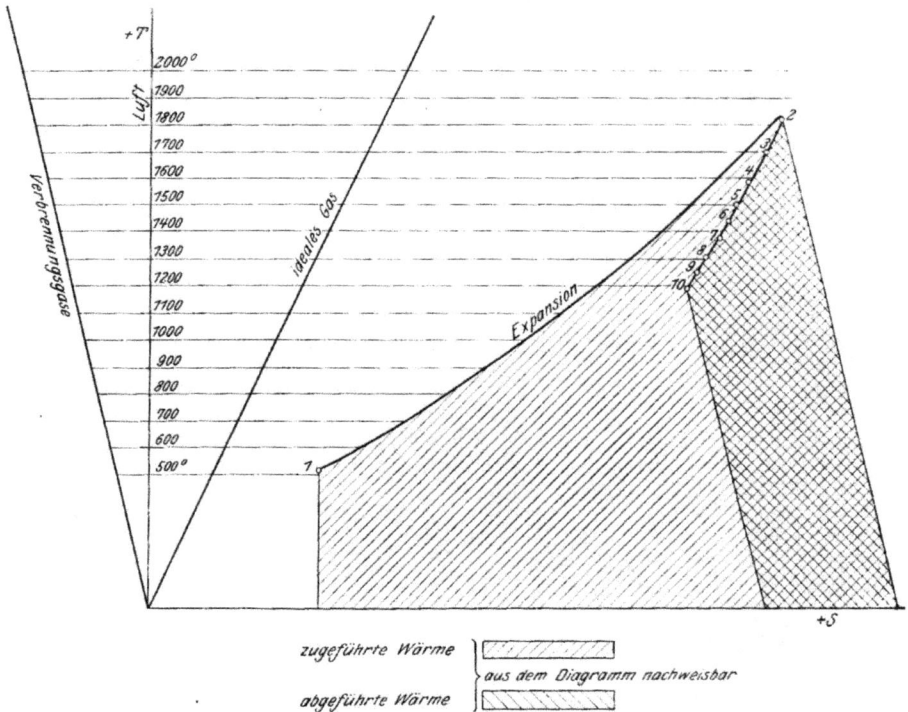

Fig. 67.

motor erzielte Fortschritt in der Wärmeausnutzung inzwischen zu einem guten Teile auch vom Gasmotor erreicht worden war.

Die Bemühungen, die Kompression und dadurch die Wärmeausnützung im Explosionsmotor zu steigern, hatten sofort nach Bekanntwerden meiner Vorschläge im Januar 1893 eingesetzt, wie beispielsweise aus nachfolgendem Brief der Herren Gebrüder Körting vom 16. Januar 1893 hervorgeht, denen ich vorgeschlagen hatte einen ersten Dieselmotor zu bauen:

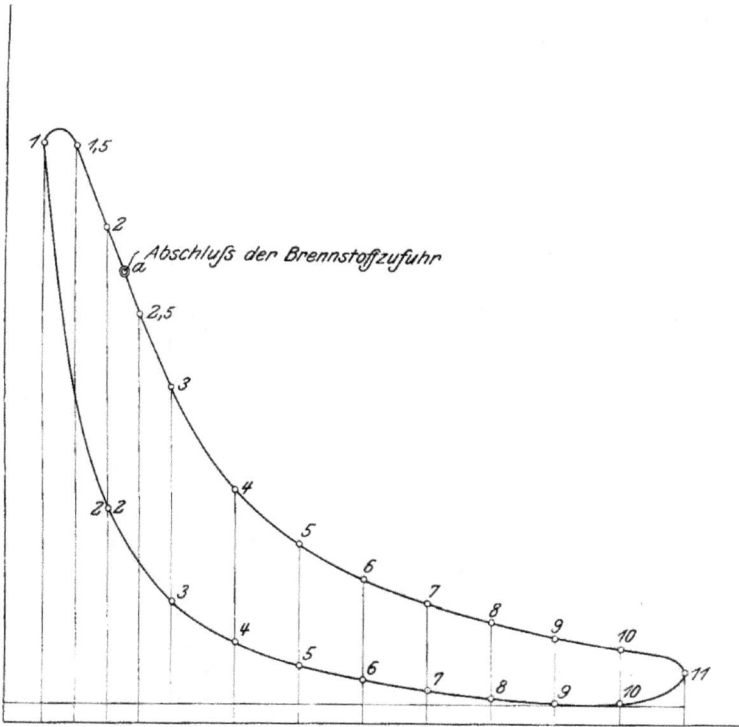

Fig. 68.

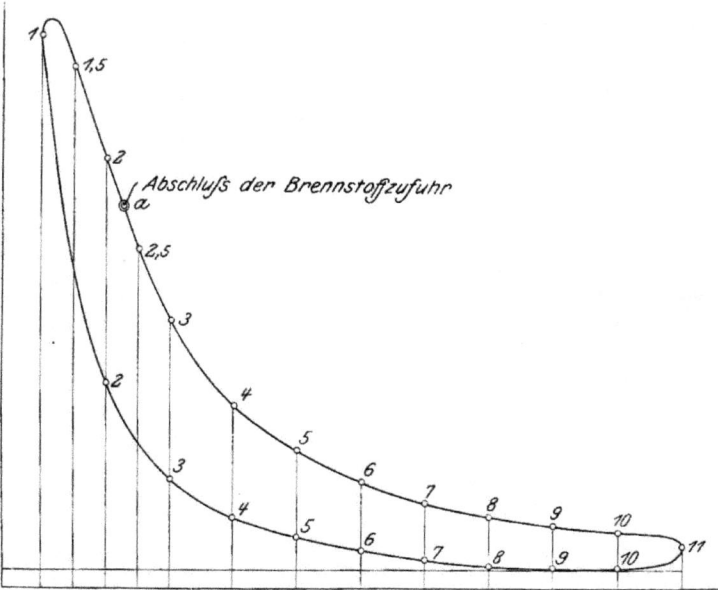

Fig. 69

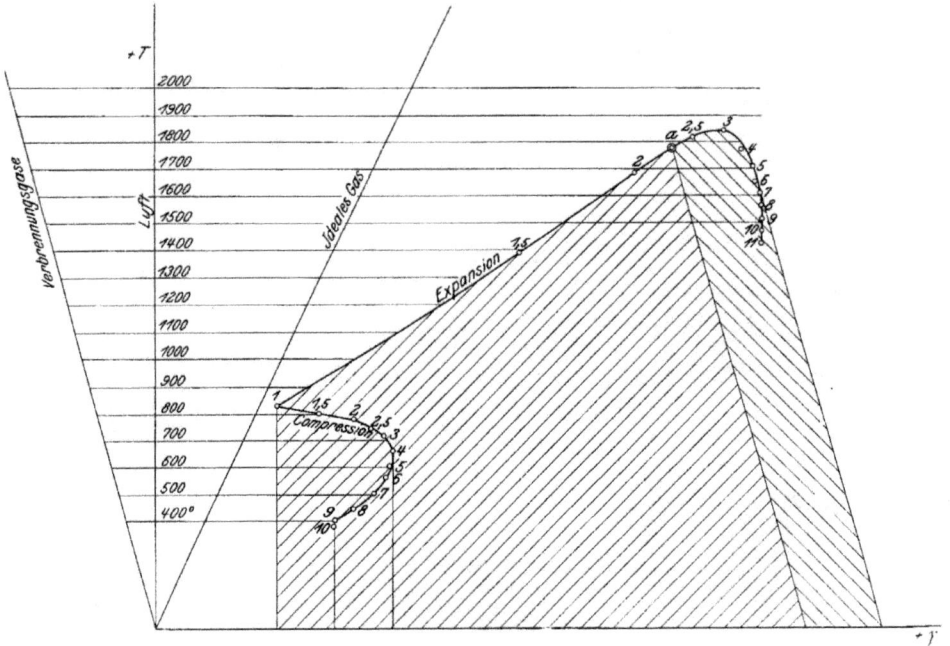

Wärme, zugeführt
von Punkt 1 bis Punkt a.

Wärme, zugeführt
von Punkt a bis Punkt 6

Fig. 70.

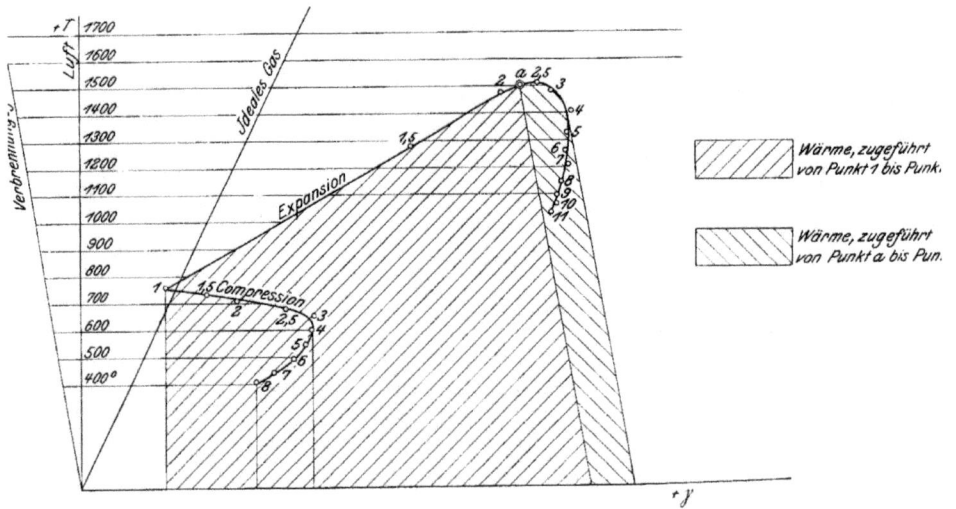

Wärme, zugeführt
von Punkt 1 bis Punk.

Wärme, zugeführt
von Punkt a bis Pun.

Fig. 71.

„Vor der Hand begnügen wir uns mit den verhältnismäßig leicht vorzunehmenden Untersuchungen rein praktischer Natur mit den uns bereits zur Verfügung stehenden Modellen*), d. i., wie weit man, ohne zu erheblichen Schwierigkeiten beim Bau und Betrieb zu begegnen, die Kompression führen kann.

gez. Gebrüder Körting.“

Damit war die Richtung gegeben, nach welcher sich der Gasmotor gegen die drohende Konkurrenz verteidigte.

Infolge der in dieser langen Zeit gemachten Fortschritte der Gasmotoren kamen wir mit u n s e r e m Gasmotor zu spät. Wir erreichten trotzdem auch jetzt noch etwas bessere Wärmeausnutzung aber mit umständlicheren Mitteln, die sich nicht mehr bezahlten. Deshalb wurde der Gasmotor nach dem Dieselprinzip aufgegeben, trotzdem die Kraftgasanlage und sämtliche Versuchseinrichtungen dazu schon eingerichtet waren.

D. Feste Brennstoffe: Kohlenstaub.

Als Abschluß der gesamten Laboratoriumsarbeiten wurden noch einige kurze Experimente mit Kohlenstaub durchgeführt.

Auf dem Kasseler Vortrag im Juni 1897 hatte ich folgendes mitgeteilt: „daß gleich von Anfang an die Ansicht herrschte, daß die Vergasung der Kohle grundsätzlich einfacher und billiger sei, als ihre Zermahlung und Siebung zu Mehl, und daß die Anwendung von Kohlenstaub, so verführerisch sie im ersten Augenblick erscheine, praktisch gegenüber der Anwendung von Kraftgas eher Nachteile als Vorteile biete.“ Und ferner: „Ihre volle Bedeutung erhält jedoch die neue Maschine erst, wenn sie imstande sein wird, gewöhnliche Steinkohlen zu verwerten; ein K r a f t g a s g e n e r a t o r dazu ist schon montiert.“

Weil von „Anfang an“ diese Ansicht bei den beteiligten Firmen herrschte, wurden, wie bereits auf Seite 8 und Seite 107 mitgeteilt, die ersten Versuchsmotoren sämtlich nur für flüssigen Brennstoff gebaut und ausschließlich hierfür durchgebildet.

Die Ansichten über den Kohlenstaub hatten sich bis Ende 1899, in den sieben Jahren, die seit meinen ersten Vorschlägen verflossen waren, durch die Erfahrungen, welche gerade in dieser gleichen Zeitperiode mit den Kohlenstaubfeuerungen der Dampfkessel gemacht worden waren, geklärt. Wie sich die Zeitgenossen noch er-

---

*) Also mit den damaligen Gasmotoren.

innern werden, erregten diese Feuerungen damals großes Aufsehen und viel Be-
geisterung in der technischen Welt. Auch ich hatte sie an ausgeführten Anlagen
eingehend studiert und mich mit den Fabrikanten von Kohlenstaub und Kohlen-
staubmühlen in Verbindung gesetzt.

Das Ergebnis der damaligen Erfahrungen war zunächst, daß eine Kohlen-
staubindustrie überhaupt nicht bestand; es war schwer, diesen Brennstoff zu bekommen, er wurde eigentlich nur von den Fabriken hergestellt, welche die Kohlenstaub f e u e r u n g e n einrichteten. Außerdem war der damals käufliche Staub
nicht entfernt fein genug für eine Anwendung in einem Verbrennungsmotor, wie
ich sie mir vorstellte. Für diese Anwendung mußte der Kohlenstaub so fein sein,
wie allerfeinstes Mehl, er mußte sich in ruhiger Luft längere Zeit schwebend erhalten,
ohne sich abzusetzen.

Ein solches Vermahlen und Sieben wäre sehr umständlich und viel zu teuer
geworden. Da zudem der Kohlenstaub infolge seiner stark hygroskopischen Eigenschaften beim Lagern sofort wieder Feuchtigkeit annimmt, so ballt er sich schnell
wieder zu Klümpchen zusammen, verliert stark an Heizwert und an sonstigen
guten Eigenschaften und ist beim Lagern auch feuergefährlich. Wir waren also
durch diese Erfahrungen zur Überzeugung gekommen, daß die Beschaffung und Er-
haltung von feinstem Kohlenstaub an sich eine unpraktische und unwirtschaft-
liche Sache sei.

Deshalb war Ende 1899 bei den beteiligten Firmen keine Neigung mehr vorhanden, nach dieser Richtung noch kostspielige Versuche zu machen, um so weniger,
als die vorhandenen Versuchsmotoren nur für flüssigen Brennstoff durchgebildet
waren; infolgedessen eigneten sie sich in ihrem gesamten Aufbau, in der Art ihrer
Kolbenschmierung, in den Brennstoffeinfuhrvorrichtungen usw. nicht für Kohlen-
staubbetrieb. Ein richtiger Kohlenstaubmotor hätte von Grund auf neu gebaut
werden müssen mit Spezialeinrichtungen für das Einblasen des Kohlenstaubs
und mit einer Kolbenschmierung, welche das systematische Ausspülen etwa zwischen
die Ringe eingedrungenen Staubes erlaubte. Ferner hätte die Verbrennungskammer seitlich getrennt vom Zylinder ausgebaut werden müssen mit Einrichtungen,
welche nur ein Minimum von Rückständen nach dem eigentlichen Zylinderraum
übertreten ließen.

Nachdem ich aber den Vorschlag zur Anwendung von Kohlenstaub gemacht
hatte, lag mir begreiflicherweise trotzdem daran, solche Versuche noch zu machen.
Durch Aufwendung meiner ganzen Beredsamkeit gelang es mir dann endlich, die
Zustimmung der Maschinenfabrik zu einigen kurzen Versuchen im Dezember 1899
noch zu erwirken, allerdings in einer Form, die vom ursprünglichen Dieselprinzip

abwich, da dieses im vorhandenen Motor ohne teuere Umbauten, wie erwähnt, nicht durchführbar war.

Es konnte in diesem Motor nur so gearbeitet werden, daß der eingesaugten Luft gepulverter Brennstoff beigemischt und mit ihr komprimiert wurde, worauf im oberen Totpunkt ein wenig Zündbrennstoff mit der gewöhnlichen Düse eingespritzt wurde, wodurch die Mischung zur Zündung und Verbrennung gelangte, ein Verfahren, welches auch schon mit Leuchtgas probiert worden war, und welches ich mit Kraftgas noch durchzuführen gedachte.

Lange vor den Versuchen im eigentlichen Motor hatte ich schon zahlreiche Laboratoriumsversuche der Verbrennung verschiedener Kohlenstaubsorten an offener Luft durchgeführt; es wurden dabei abgewogene Mengen Kohlenstaub mittels eines Blasrohres in einen Glaszylinder geblasen und beobachtet, wieviel Staub schwebend blieb und wieviel sich absetzte. Es wurde ferner der Kohlenstaub des Handels in kleinen Sieben mit verschiedenen feinmaschigen Messinggeweben gesiebt und eine abgewogene Menge des durchgesiebten Materials mittels eines Blasrohres durch eine offene Flamme geblasen, wobei sich immer eine explosionsartige, meist klare Verbrennung ergab. Die Flamme war mit einem Schirm umgeben, so daß die Rückstände der Verbrennung aufgefangen wurden. Es zeigte sich dabei immer unter der Lupe, daß der Rückstand aus feinen Kokspartikelchen bestand, davon herrührend, daß die gröberen Körner nur entgast, d. h. verkokt wurden, während das ganz feine Pulver restlos verbrannte; je gröber das Pulver, desto größer die Menge der Koksrückstände. Weitere von Herrn Paul Meyer durchgeführte Versuche über die Eigenschaften verschiedener Kohlenstaubarten sind in der Tabelle S. 128 zusammengestellt.

Für die Versuche im Motor selbst wurde der Apparat Fig. 72 angebracht, welcher von der Schweizerischen Kohlenstaubfeuerungs-Aktiengesellschaft, Zürich (Patent Wegener), bezogen war; der in dem Trichter a eingelagerte und durch das Rüttelsieb b gesiebte Staub mischte sich dem unter dem Sieb durchstreichenden Luftstrom im Saugrohr des Motors bei c bei; der nicht mitgerissene Kohlenstaub sammelte sich im Blechkasten d. Das eigentliche Patent Wegener, nämlich Antrieb der Rüttelwelle durch vom Luftstrom bewegtes Windrad kam dabei nicht zur Anwendung, vielmehr wurde die Drehung der Welle durch einen Schnurantrieb von der horizontalen Steuerwelle e aus bewirkt. Als Sieb diente ein ganz feines Drahtsieb mit 494 Maschen pro Quadratzentimeter.

Über einen Versuch im Dezember 1899 mit feinem Kohlenstaub berichtet das von Herrn Paul Meyer geführte Journal: „Motor läuft mit kleinem Petroleumdiagramm von 3,1 kg/qcm. Rüttelapparat wird eingeschaltet. Es ergeben sich

| Name | Feinheitsgrad. Rückstand in Prozenten beim Durchsieben durch die Siebe*) Nr. | | | | | | | Prozente bezogen auf lufttrockenen Kohlenstaub | | | Gewicht des aus einer Höhe von 10 cm freiherabgefallenen aufgeschichteten Kohlenstaubes auf Wasser von 4° als Einheit bezogen |
	60	70	80	100	125	150	180	Prozente Aschengehalt	Prozente an flüchtigen Bestandteilen (Gas und Wasser)	Prozente Koksgehalt	
Feinster Zwickauer Steinkohlenstaub vom Wilhelmsschacht	0	0	geringe Spuren	2,66	4,00	6,8	13,66	9	34	66	0,50
Böhmischer Braunkohlenstaub (Nr. I) vom Falkenauer Kohlenrevier	0	geringe Spuren	3	17,4	20,73	31,33	47,53	10	52	48	0,556
Böhmischer Braunkohlenstaub (Nr. II) vom Falkenauer Kohlenrevier	0	Spuren	2,7	19,0	24,0	38,5	50,0	10,5	63	37	0,56
Älterer Böhmischer Braunkohlenstaub, Lignit Nr. III.	Spuren	2,33	4,0	29,0	37,5	47,5	63,2	6	70	30	0,42
Älterer Böhmischer Braunkohlenstaub Nr. IV.	0	0	2,0	14,0	17,0	29,0	50,0	4,5	43	57	0,59

*) Die Nummer des Siebes bezeichnet die Anzahl Maschen auf einen Pariser Zoll = 27,1 mm.

gute Diagramme mit ziemlich geringem Enddruck und einem mittleren indizierten Druck bis zu 6,4 kg/qcm. Die Verbrennung scheint also gut vor sich zu gehen."

Nach 5 Minuten wird abgestellt und die Maschine geöffnet: „Der herausgezogene Kolben ist auf seiner Lauffläche mit einer festen Schicht von unverbranntem

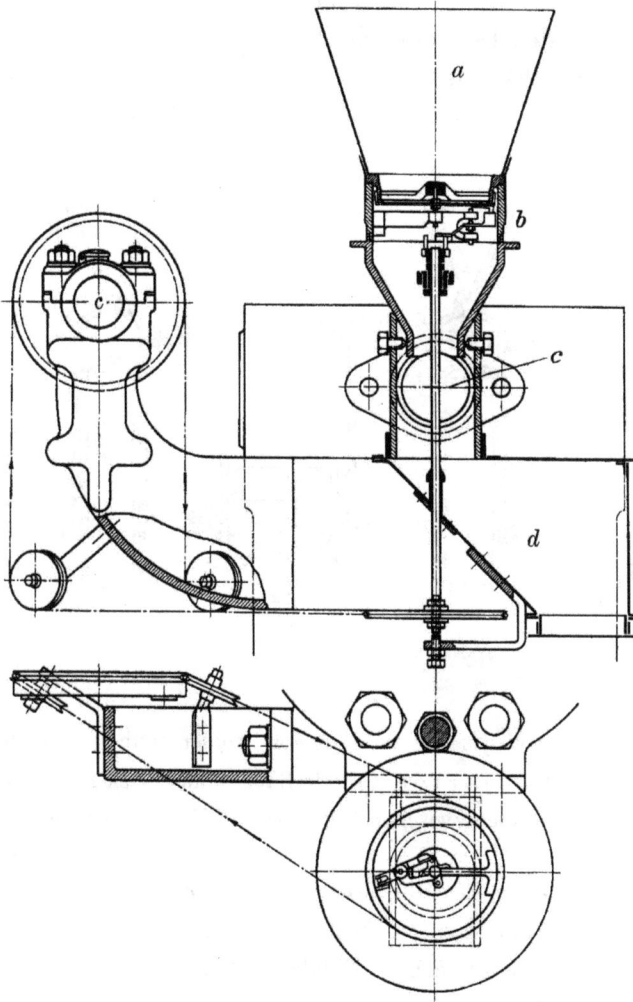

Fig. 72.

Kohlenstaub (nicht Rückstand) überzogen." Das war vorauszusehen, da der eingesaugte Kohlenstaub sich auf den reichlich geschmierten Zylinderwandungen einfach festsetzte.

Bei einem weiteren Versuch wurde wieder bei 3,1 kg Petroleum-Diagramm ein Gesamtdiagramm mit Kohlenstaub von 8,6 kg/qcm erreicht, also 5,5 kg von der

Verbrennung der Kohle herrührend. Der Betrieb konnte nur 7 Minuten aufrecht erhalten werden, worauf der Kolben wieder mit der festgepreßten Kohlenstaubschicht überzogen war. Journal: „Das Innere der Ventile ist durch die ein- und ausströmenden Gase v o l l k o m m e n r e i n g e f e g t; ebenso sind der Kompressionsraum und die Kolbenoberseite nur mit der schwachen Rußschicht überzogen, die sich auch stets bei Petroleumbetrieb findet." Beweis, daß sich trockene Zylinderflächen und solche Stellen, wo starke Luftbewegungen stattfinden, für die Verbrennung von Kohlenstaub durchaus eignen. Das Journal endet mit den Wor-

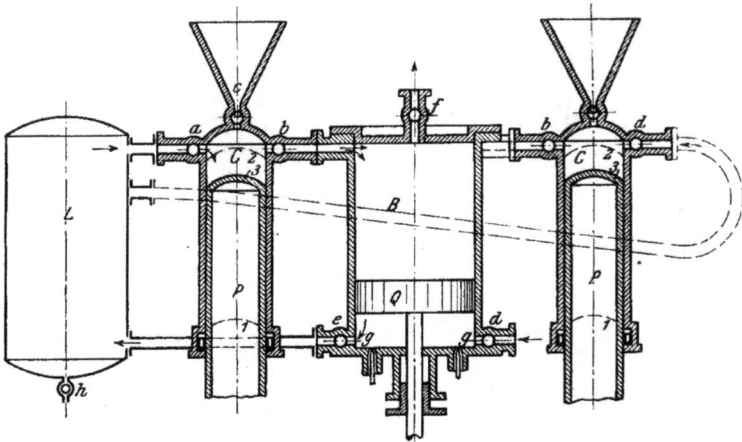

Fig. 73.

ten: „Es müssen Mittel gesucht werden, den Kohlenstaub und auch die Rückstände von den g e s c h m i e r t e n Zylinderflächen möglichst fern zu halten. Auf keinen Fall dürfen dieselben zwischen Zylinder und Kolben geraten können."

E. Der Compoundmotor.

Das D. R. P. 67 207 vom 28. Februar 1892 enthielt über den Compoundmotor die in Fig. 73 wiedergegebene Abbildung. Aus dem dazu gehörigen Text sei folgendes wiedergegeben:

„Man kann die Kompression der Luft sowohl als die Expansion der Verbrennungsgase stufenweise vornehmen und kommt dadurch beispielsweise auf die Ausführungsform Fig. 73.

In dieser Figur sind die Ventile nur schematisch angedeutet, das Gestell, die Pleuelstange, das Schwungrad usw. weggelassen. In dieser Ausführungsform sind zwei Verbrennungszylinder C vorhanden, die vollkommen identisch mit dem Zylinder der Einzylinderanordnung sind. Diese beiden Zylinder C sind vermittels der gesteuerten Ventile b an die zwei Seiten eines größeren Mittelzylinders B angeschlossen. Durch die ebenfalls gesteuerten Ventile a sind die beiden Verbrennungszylinder mit dem Luftgefäße L in Verbindung.

Das neue Verfahren bei dieser Ausführungsform gestaltet sich wie folgt: Kolben Q saugt beim Aufwärtsgang unter sich atmosphärische Luft durch Ventil d an, komprimiert dieselbe beim Aufwärtsgang auf einige Atmosphären und drückt die Luft hierauf durch Ventil g nach dem Luft gefäß L. Der untere Teil des Mittelzylinders dient also lediglich als Luft pumpe und bewirkt die Vorkompression der Verbrennungsluft. Bei g—g sind noch Wasserdüsen sichtbar, durch welche man während der Vor kompression Wasser einspritzen kann. Das Verfahren kann sowohl mit als ohne Wassereinspritzung durchgeführt werden.

Der Vorgang in den Zylindern C ist genau derselbe wie beim Ein zylindermotor geschildert wurde. Nur saugt der Kolben P beim Abwärts gehen die Luft nicht aus der Atmosphäre, sondern aus dem Gefäß L, wo die Luft bereits unter Druck steht. Beim Aufwärtsgehen vollbringt also der Kolben P die zweite Stufe der Kompression bis auf die vorgeschriebene Höhe. Die Endstellungen des Kolbens unten und oben sind punktiert mit 1 und 2 bezeichnet. Hierauf geht Kolben P wieder abwärts unter allmählicher Brennmaterialeinfuhr, wie früher geschildert. Bei der Stellung 3 des Kolbens hört die Brennstoffzufuhr auf und die Luft expandiert weiter; ist der Kolben in der untersten Stellung 1 angekommen, so öffnet sich das Ventil b; Kolben Q ist in diesem Moment gerade oben infolge der Ver setzung der Kurbeln unter 180 °.

Beim Weitergang geht Kolben P aufwärts und Kolben Q abwärts und es findet weitere Expansion der Verbrennungsgase bis auf das Volumen des Zylinders B statt. Hierauf schließt sich Ventil b und f öffnet sich, so daß beim nächsten Aufwärtsgang vom Kolben Q die Verbrennungsgase durch f in die Atmosphäre entlassen werden."

Noch in meinem Kasseler Vortrag im Juni 1897 sprach ich die Ansicht aus, daß mit dieser Verbundanordnung die Wärmeausnutzung eine weit bessere sein würde als mit der Einzylinderanordnung.

Die Konstruktionszeichnungen zu einer solchen Verbundmaschine hatte ich schon in den Jahren 1894/95 in Berlin durch Ingenieur Nadrowski herstellen lassen. Dieser Herr kam später nach Augsburg, wo er auf Grund der dortigen Erfahrungen

an den einzylindrigen Versuchsmaschinen die Zeichnungen verbesserte.   Die ersten
Modellzeichnungen für Zylindergestell und Grundrahmen kamen Ende Dezember
1895 in die Schreinerei.

Da aber die Versuche an den Einzylindermotoren immer wieder neue Ergebnisse zutage förderten, so wurde die Ausführung der Verbundmaschine nicht eifrig

Fig. 74.

betrieben.   Sämtliche Modelle waren erst Ende 1896 fertig und bis zum Beginn
der Montage vergingen wiederum 6 Monate.

Mein Assistent Herr R. Pawlikowski wurde dann mit der Aufstellung dieser
Maschine und Durchführung der Versuche betraut, die endlich im September 1897
begannen.

Er wurde dabei von den Herren Böttcher und Reichenbach unterstützt, soweit diese Herren nicht auch anderwärts beschäftigt waren.

Da die konstruktiven Einzelheiten der Compoundmaschine, soweit die Verbrennungszylinder in Betracht kamen, genau diejenigen des Einzylindermotors ent-

Fig. 75.

sprachen, und da die ganze Anordnung nicht zu praktischer Bedeutung gelangte, so unterlasse ich es an dieser Stelle, Ausführungszeichnungen wiederzugeben, aber die Figuren 74 und 75 geben photographische Ansichten dieser Maschine von verschiedenen Seiten und Fig. 76 zeigt sie im Laboratorium neben dem Einzylinderversuchsmotor.

Die Dimensionen dieser Maschine waren die folgenden: Durchmesser des Verbrennungszylinders 200 mm, des Expansionszylinders 510 mm; gemeinsamer Hub 400 mm; Kolbenstange 80 mm; Tourenzahl 150 pro Minute.

Die Versuche selbst können sehr kurz geschildert werden.

Fig. 76.

Es zeigt sich zunächst, daß die Luft in dem Zwischengefäße zwischen Niederdruck- und Hochdruckzylinder sich zu stark abkühlte; es wird dort nach Fig. 77 eine Dampfheizspirale eingebaut, worauf Ende September 1897 die ersten Zündungen erfolgen.

Fig. 78 zeigt diese ersten Verbrennungsdiagramme in ihrer wilden Aufeinanderfolge.

Es wird dann die Luft vom Niederdruckzylinder d i r e k t in den Hochdruckzylinder übergeführt, ohne sie erst durch das Zwischengefäß hindurch zu leiten; dies hat den gewünschten Erfolg, daß die Heizspirale für die vorverdichtete Luft überflüssig wird.   Nach etwa 8 Minuten Transmissionsbetrieb entstehen schon gute, rauchfreie und regelmäßige Zündungen im Hochdruckzylinder, ohne Anheizung der Luft durch Dampf.   Eine Vorwärmung der Luft oder der Maschine wird demnach nur noch für das Anlassen erforderlich sein (ähnlich wie das Vorwärmen des Zylinders bei Dampfmaschinen).

So entstand nach und nach mit Petroleum ein sehr regelmäßiger Betrieb; das Diagramm (Fig. 79) ist beispielsweise 30 mal geschrieben.

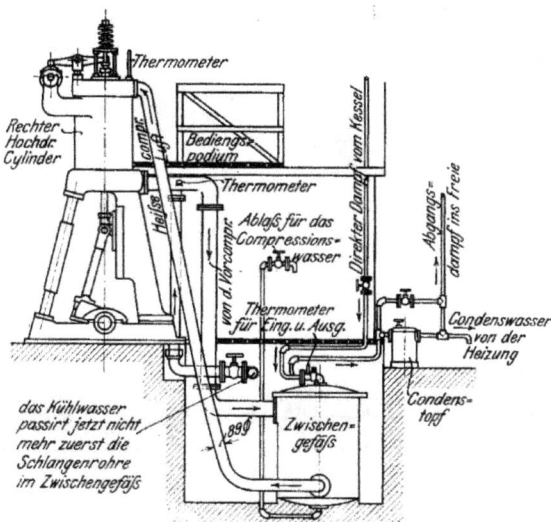

Fig. 77.

Es zeigen sich bald verschiedene Fehler an der Maschine; der Hochdruckzylinder wird sehr heiß, das Mantelwasser kocht, der ungekühlte Kolben brummt, die Übergangsventile verziehen sich usw.

Es gelingt, diese Fehler allmählich zu beseitigen, worauf stundenlanger guter Leerlaufbetrieb ohne jede Störung möglich wird mit Diagrammen nach Fig. 80 wobei die Luft aus dem Vorkompressionszylinder d i r e k t in den Hochdruckzylinder geht, also nicht durch das Zwischengefäß hindurch.

Die Versuche zeigen einen sehr bedeutenden Spannungsabfall beim Überströmen der verbrannten Gase aus dem Hochdruck- in den Niederdruckzylinder. Zur Verminderung desselben wird ein Teil der Abgase im Niederdruckzylinder

zurückbehalten und auf 12—14 at verdichtet, so daß beim Öffnen des Überströmventils ein Spannungsabfall nicht eintreten kann. Dieses Ergebnis wird allerdings
durch die sehr bedeutende negative Verdichtungsarbeit bezahlt.

  Auf Fig. 81 sind in den kleinen Figuren rechts mittlere Originaldiagramme

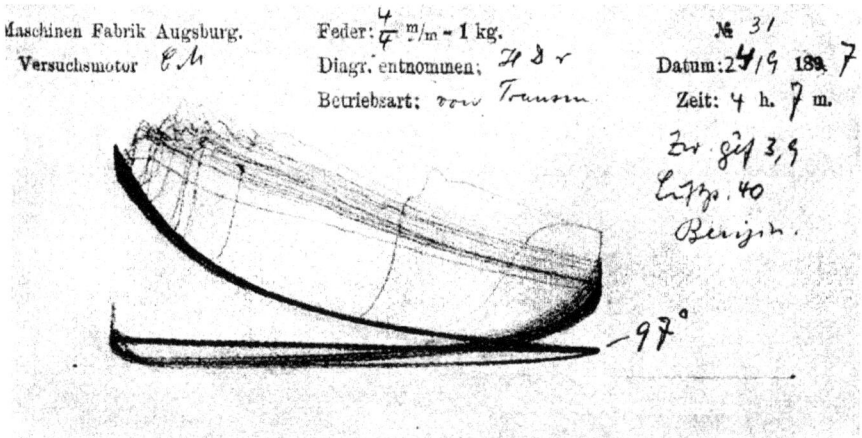

Fig. 78.

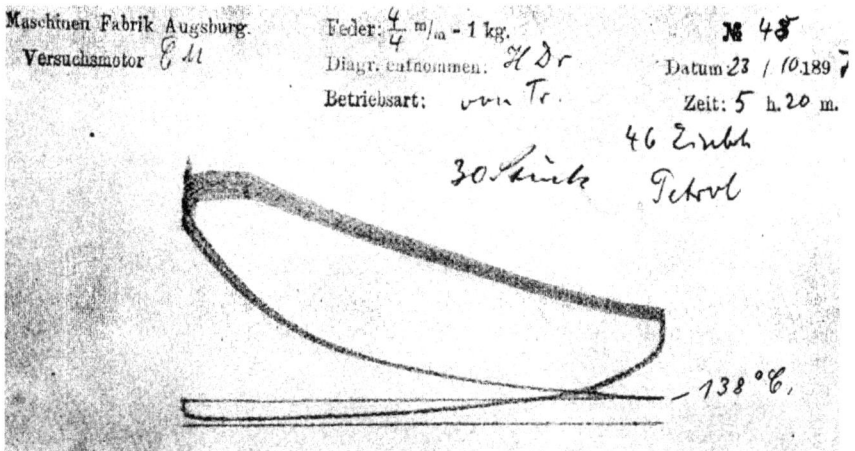

Fig. 79.

vom 18. November 1897 wiedergegeben. Der mittlere Druck des Vorkompressions-
diagramms, also im Niederdruckzylinder unten, beträgt $p_m^{n.n} = 2{,}40$ kg/qcm,
der mittlere Druck im Hochdruckzylinder rechts (der linke Zylinder war dabei

nicht im Gange) $p_m^{h \cdot r} = 19,4$ kg/qcm, der mittlere Druck der Expansion im Niederdruckzylinder oben $p_m^{n \cdot o} = 2,74$ kg/qcm.

In der Hauptfigur links sind diese Diagramme rankinisiert, wobei in der
unteren Hilfsfigur die verschiedenen Zylinderräume nach ihrer wirklichen Größe
eingetragen sind.

In der Zahlentabelle links sind endlich die Ergebnisse zusammengestellt,
wobei a l l e mittleren Drucke auf den Niederdruckzylinder o b e n umgerechnet
sind, um sofort einen Vergleich mit der Einzylindermaschine gleicher Größe wie
dieser Mittelzylinder zu ermöglichen. Diese Umrechnung kann auf Grund der
Seite 134 angegebenen Maschinendimensionen leicht nachkontrolliert werden.

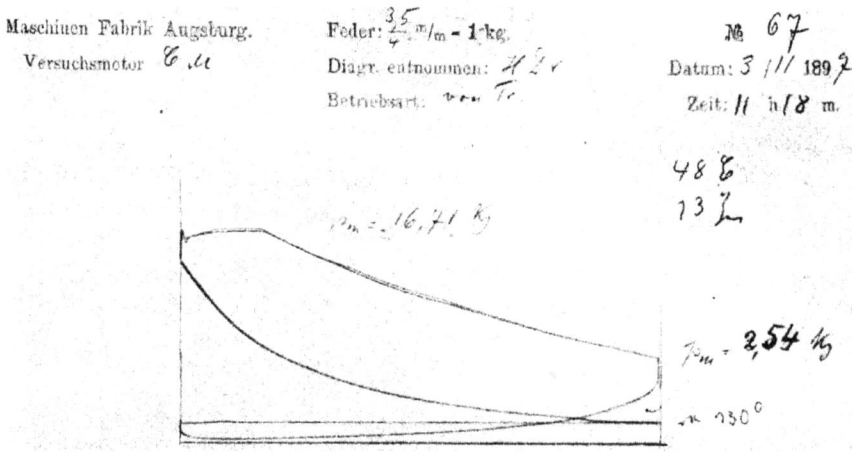

Fig. 80.

Die Originaldiagramme ergeben auf diese Weise einen umgerechneten mittleren
Druck von 4,39 kg/qcm.

Die rankinisierten Diagramme ergeben einen mittleren Druck von 4,48,
d. i. nur 2 % mehr, so daß die Fehlergrenze dieser Berechnung innerhalb 2 % liegt.

In der Hauptfigur ist dann noch das ideale Diagramm eingezeichnet, welches
im mittleren Zylinder allein entstehen würde, wenn Vorkompression und Nach-
expansion nicht vorhanden wären, und es zeigt sich das erschreckende Resultat,
daß von diesem Idealdiagramm in der Compoundmaschine nur 54,1 % nutzbar
gemacht werden.

Rankinisierte Compound-Motor-Diagramme für die rechte Maschinenst. ohne Luftpumpe.

Einblasedruck 56 at. — Temp. der in den Hochdruckzylinder eintretenden Luft 138° C.

Die Original-Diagramme ergeben:

$0,1857 \cdot p_m^{hr} = 3.60$ kg $0,975 \left(p_m^{tut} - 0.40 \right) = 1.95$

$p_m^{nob} = 2,74$

positiv $\cdot p_m = 6.34$ negativ $\cdot p_m = 1.95$

Total p_m a. N. D. ob. reduz. $= \mathbf{4.39}$ kg.

Die rankinis. Diagramme ergeben:

$p_m^h = 3,16$ p_m Saug. Vorcompr. $= 0.135$

$p_m^n = 1,70$ p_m Ausp. rückdr. $= 0.24$

positiv $\cdot p_m = 4.86$ negativ $\cdot p_m = 0.38$

Total p_m a. N. D. ob. reduz. $= \mathbf{4.48}$ kg

$\left[\text{also } \frac{4.48 - 4,39}{4,39} = 2^0{}_0 \text{ zu groß} \right]$

Das ideale Diagramm $a\,b\,c\,d\,e\,f\,g$ ergibt:

$p_m = 8.28$

Völligkeits-$\eta_v = \frac{4.48}{8.28} = \mathbf{54.1}\,^0/_0$.

Expans. $d\,e\,f$ durch l gelegt, wobei $\frac{li}{im} = \frac{kh}{hm}$.

Original-Diagramme.

18. 11. 97.

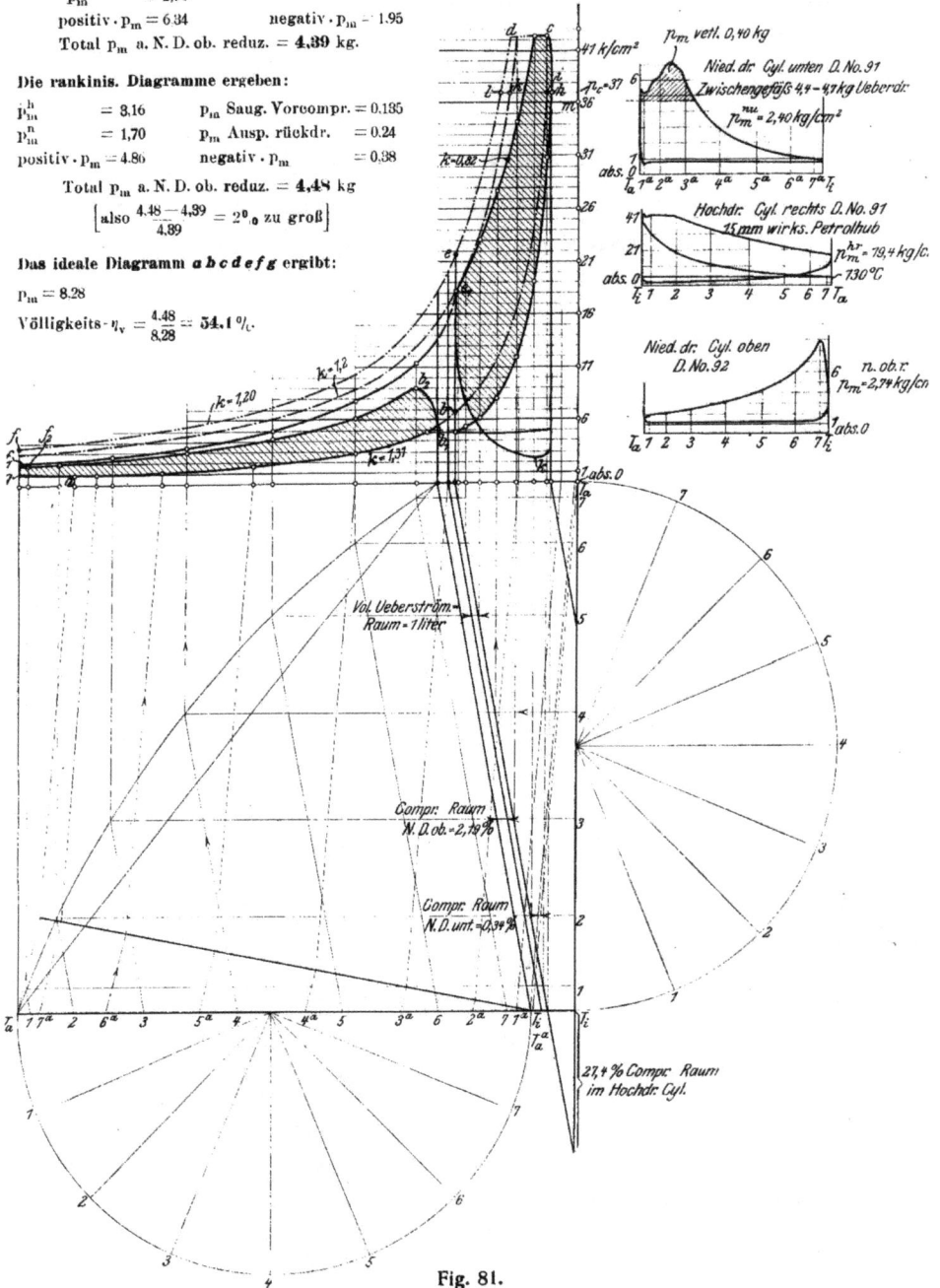

p_m vetl. 0,40 kg

Nied. dr. Cyl. unten D. No. 91
Zwischengefäß 4,4–4,7 kg Ueberdr.
$p_m^{nu} = 2,40$ kg/cm²

Hochdr. Cyl. rechts D. No. 91
15 mm wirks. Petrolhub
$p_m^{hr} = 19,4$ kg/c.
730 °C

Nied. dr. Cyl. oben
D. No. 92
n. ob. r.
$p_m = 2,74$ kg/cm

Vol. Ueberström-Raum = 1 liter

Compr. Raum
N. D. ob. = 2,19 %

Compr. Raum
N. D. unt. = 0,34 %

27,4 % Compr. Raum
im Hochdr. Cyl.

Fig. 81.

Dementsprechend ergibt die Messung bei Leerlauf einen Brennstoffverbrauch e PSi/Stunde von 499 g.

Als bedeutendster Verlust des ganzen Verfahrens stellt sich der Wärme-t beim Überströmen der Verbrennungsgase vom Hochdruck- in den Nieder-zylinder heraus. Es war nämlich dort nicht wie in der Fig. 73 schematisch eutet, ein einziges Überströmventil vorhanden, sondern es mußten zwei e angebracht werden, und zwar eines direkt am Hochdruckzylinder und das direkt am Niederdruckzylinder, um den bedeutenden Raum zwischen diesen . Zylindern von den eigentlichen Zylinderräumen abzuschalten. Diese beiden e waren gekühlt und es konnte die in das Kühlwasser der Ventile übergehende emenge ganz genau festgestellt werden. Diese durch die Ventilkühlung ab-te Wärme betrug auf der einen Maschinenseite 5,9 % der gesamten dis-en Wärme des Brennstoffes und auf beiden Seiten zusammen demnach ⅟₀ oder fast die Hälfte derjenigen Wärmemenge, welche in dem Ein-ermotor in effektive Arbeit umgewandelt wurde. Ein jedes dieser Ventile entzog in seinem Kühlwasser rund 3 % von der gesamten iblen Wärme. Wieviel Wärme dabei gleichzeitig durch die gekühlten ungen der Überströmkanäle selbst abgeführt wurde und wieviel außer lurch Strahlung verloren ging, konnte dabei nicht durch Messung fest-t werden; es ist jedoch anzunehmen, daß diese Verluste wegen der ı Oberfläche dieser Kanäle und ihrer energischen Kühlung ganz beträcht-waren.

Diese enormen Verluste konnten mit den damals üblichen Methoden der ınung des Wärmeübergangs durch geheizte Flächen absolut nicht in Ein-gebracht werden. Selbstverständlich waren über diese Verluste im voraus lrund der damals gebräuchlichen Annahmen der Wärmeübergangskoeffi-n Berechnungen angestellt worden, die aber so kleine Werte für diesen Ver-;geben hatten, daß ich mir darob keine großen Sorgen machte. Zeuner, mit h lange vor den Versuchen diesen Punkt öfter besprach, hatte mir allerdings ;eilt, daß seiner Ansicht nach bei so heftig bewegten Gasen Überraschungen heinlich seien; aber das war nur eine Gefühlssache, die er zahlenmäßig nicht ıden konnte. Die Praxis warf die ganzen Berechnungen über den Haufen. · eine Verlust allein war so groß, daß an eine praktische Durchführbarkeit Systems schon aus diesem Grunde nicht mehr gedacht werden konnte. An-ts dieses Umstandes ist es auch überflüssig, noch die anderen zahlreichen ³te und Versuche zu behandeln, welche mit dem Herumschieben der von einem Zylinder in den anderen bei der Kompression und Expansion

zusammenhingen. Die gesamten Verluste brachten das Verbundsystem zum
Scheitern.

Ich mußte daher meine großen Hoffnungen, die Wärmeausnutzung des Einzylindermotors noch wesentlich zu übertreffen, schmerzerfüllt zu Grabe tragen.
Vielleicht verhindert aber die kurze Schilderung dieser Versuche und die wissenschaftliche Begründung des Mißerfolges andere, sich ähnliche Enttäuschungen
zu holen.

Die typischen Konstruktionsformen des Dieselmotorbaues.

In der bisherigen Darstellung der gesamten Forschungsarbeiten des Laboratoriums nach der c h r o n o l o g i s c h e n Reihenfolge der Versuche sind die
einzelnen Entwicklungsformen über das ganze Buch zerstreut. Viele Dinge sind
aufgenommen, die nur zur Erledigung von Zwischenfragen dienten, es sind auch
die Verfahren und Konstruktionen geschildert, die wieder verlassen wurden; viele
Arbeiten wurden in abgeänderter Form zu verschiedenen Zeiten wiederholt. Es
ist deshalb sehr schwer, den Zusammenhang einzelner Entwicklungsreihen zu finden
oder überhaupt eine klare Übersicht zu bekommen.

Die folgende Zusammenstellung gibt eine nochmalige kurze Übersicht der
experimentellen Arbeiten des Laboratoriums nicht in chronologischer, sondern
in s y s t e m a t i s c h e r R e i h e n f o l g e jeweils vom ersten Auftreten eines
Versuches durch alle Stadien hindurch bis zur typischen oder bleibenden Kon-
struktionsform. Als natürliche Grundlage für die systematische Einteilung dienten
dabei die auf Seite 3 angeführten Grundgedanken der Erfindung, aus welchen
sich die gesamten Arbeiten des Laboratoriums in logischer Konsequenz entwickelten.

In dieser Entstehungszeit der konstruktiven Formen habe ich die ein-
schlägige Patent- und sonstige Literatur durchstöbert und kann heute nicht mehr
sagen, welche Anregungen daraus entstanden.   Selbstverständlich baut jeder
neu Kommende auf der Arbeit seiner Vorgänger auf.   In Fragen des allgemeinen
Maschinenbaues konnte ich bei den Ingenieuren der Maschinenfabrik Augsburg
und Krupps jede nur gewünschte Auskunft holen.   Die Verbrennungsfragen
aber waren neu, über diese konnte niemand Auskunft geben, für diese mußte
ich von Anfang bis zu Ende neue Lösungen suchen; der Entstehungsgang zeigt
denn auch, welche zahllosen irrigen oder falschen Konstruktionsformen fast für
jeden einzelnen Fall der endlichen Festlegung der brauchbaren typischen Form
vorausgehen mußten.

A. Mittel zur Kompression reiner Luft weit über die Entzündungstemperatur des Brennstoffes und Übertragung der Arbeitsleistung auf die Schwungradwelle.

1. Zylinder.

Seite

Zylinder und Deckel aus Gußstahl, beide ungekühlt 10

Zylinder aus Gußeisen, ungekühlt; Deckel aus Gußeisen, gekühlt 27

Zylinder aus Gußeisen mit angegossenem Kühlmantel, Deckel Gußeisen, gekühlt 37

Viertaktzylinder mit oben liegender Verbrennungskammer und unten liegender Ladepumpe 58

Gußeiserner Zylinderdeckel mit Wasserkühlung, typische Form, mit Düse in der Mitte, links und rechts davon Gehäuse für die Ventillaternen, seitlich Anlaßventil . . . . 58—60

Versuche mit kochendem Mantelwasser 94

Volumetrische Wirkungsgrade bei verschiedenen Temperaturen 95

2. Kolben.

Gußstählerner Tauchkolben ohne Ringe mit Druckölstopfbüchse als Abdichtung 10

Gußstählerner Tauchkolben ohne Druckölstopfbüchse mit eingesprengten Gußringen als Abdichtung 10

Gußeiserner Kolben aus Distanzstücken zusammengesetzt mit drei Paar breiten Kolbenringen, jedes Paar mit einer gemeinsamen sehr starken stählernen Spannfeder, auf dem Kolben hoher gußeiserner Aufsatz mit Hohlraum für die Verbrennungskammer 16

Derselbe mit zwei Ringpaaren und Spannfedern 19

Derselbe mit drei Ringpaaren ohne Spannfedern 19

Derselbe mit sechs einzelnen breiten Ringen mit und ohne Spannfedern . . 19

Derselbe mit drei breiten Ringen ohne Spannfedern 19

Spannfedern machen die Kolbenringe unrund und exzentrisch und drücken den Kolben seitwärts, gänzliche Entfernung derselben 19

Prüfung der Kolben im Stillstand unter Luftdruck bei verschiedenen Schmierzuständen 45

Verbesserung der Kolben durch kleine eingesprengte Gußringe im Kolbenaufsatz zur Beseitigung aller verlorenen Lufträume 19

Unten offener Kolben mit drei Paar Kolbenringen und Spannfedern. Kolbenform typisch; Dichtung noch nicht 38

Seite

Allmähliche Verminderung der Stärke und Spannung der Kolbenringe, gänzliche
Entfernung der Spannfedern 45
Typischer wassergekühlter Hohlkolben mit vier schwach gespannten guß-
eisernen Kolbenringen; typische Kolbendichtung 57

3. Kolbenschmierung.

Tauchkolben mit Ölstopfbüchse unter hohem Druck als Schmierung . . . 10
Derselbe mit Ölstopfbüchse ohne Druck als Schmierung 10
Ringkolben mit Ölschleppringen verschiedener Form und Tauchgefäß . 16—18
Typische Kolbenschmierung mit Öldruckpumpe und Einpressen des Öles bei
bestimmten Kolbenstellungen zwischen die Kolbenringe . . . . . 65—66

4. Ladepumpen.

Viertaktzylinder mit oben liegendem Verbrennungsraum und unten liegender
Ladepumpe 58
Zwischengefäß der Ladepumpe; zuerst ohne Ölabscheider, dann mit Ölab-
scheider in Form eines Kondenstopfes, dann Ölabscheidung durch innere
Prellwände 67
Ladepumpe mit Regulierung der Ladeluftmenge mittels Rückströmung durch
das Saugventil 61

5. Hauptventile.

Erste Ventile, doppelsitzig, gemeinsam für Einsaugung und Auspuff 11
Schmalsitzige Tellerventile, getrennt für Einsaugung und Auspuff 16
Das Auspuffventil wird durch Vorauseröffnung eines kleinen Nebenventils
entlastet. Eingesetzte Stahlringe als Ventilsitze 16
Ventile wieder vereinigt, aber Ansauge- und Auspuffkanäle getrennt und
durch Rundschieber gesteuert 37
Ganz getrennte Ventile und Kanäle, schmalsitzige Tellerventile aus Stahl in
gußeisernen Laternensitzen, typisch 58

6. Allgemeiner Aufbau der Maschine.

Erste Maschine: Kolbendurchmesser 150 mm, Hub 400 mm, Hubverhältnis 2,67 . . . . 9—11
Zweite Maschine: Kolbendurchmesser 220 mm, Hub 400 mm, Hubverhältnis 1,82 37

Seite

Dritte Maschine: Kolbendurchmesser 250 mm, Hub 400 mm, Hubverhältnis 1,6 57

Sämtliche Versuchsmaschinen hatten Kreuzkopfführung . . . . 11—58

Zweiseitige Rundkreuzkopfführung 11

Einseitige Linealkreuzkopfführung 60

Kurbel- und Wellenzapfen, hohl und gekühlt, zur Verminderung der Erwärmung durch Reibungsarbeit . . . . 63—75

Maschine mit einseitiger Säule . . . . 60—75

Maschine mit typischem A-Gestell . . . . 80—92

7. Steuerung.

Antrieb der Steuerwelle mit konischen Rädern und schräg liegender Zwischenwelle 9

Nockenwelle seitlich unten am Maschinengestell, lange Steuergestänge zwischen Nockenscheiben und Ventilhebeln 9

Typische Nockensteuerung 12

Beseitigung der langen Ventilgestänge, typische Lage der Steuerwelle auf angegossenen Lagern oben am Zylinder, direkter Angriff der Nockenscheiben an den Rollen der Steuerhebel . . . . 37—59

Typischer Antrieb der Steuerwelle mittels Schraubenrädern und vertikaler Zwischenwelle; geteiltes Wellenlager und in der Teilungsfuge liegendes Schraubenrad 75

Feststellung der Steuerkurven, Beseitigung der Geräusche 66

8. Anlaßverfahren.

Typisches Anlassen durch Druckluft und Überspringen der Steuerung auf Brennstoff 14

Erzeugung der Anlaßluft durch den Hauptkolben 24

Erzeugung der Anlaßluft durch die Einblasepumpe . . . . 24—48

Reserveanlassung durch flüssige Kohlensäure 87

Anlaßflasche, genietetes Blechrohr mit Gußdeckel 11

Typische Anlaßflasche aus geschweißtem Flußeisen 61

Typischer Ventilkopf und Entwässerung der Anlaßflasche 62

Typische Kombination zwischen Anlaß- und Einblaseflasche zur Ladung und Rückfüllung der Gefäße 68

Betrieb mit vereinigter Anlaß- und Einblaseflasche 72

Seite

9. Anlaßventile, Sicherheitsventile und Sicherheits-
vorrichtungen.

Anlaßventil mit Kolbenentlastung 11
Anlaßventil, gleichzeitig als Sicherheitsventil gebaut, mit einstellbarer Feder 16
Anlaßventil mit einstellbarer Feder zum gleichzeitigen Rückfüllen der Anlaß-
flasche 16
Typisches Anlaßventil ohne einstellbare Feder und ohne Rückfüllvorrichtung 60
Gewöhnliches Sicherheitsventil mit Federbelastung 11
Sicherheitsventil, gleichzeitig Rückfüllventil 16
Typisches Sicherheitsventil. 58
Sicherheitsplatten (sog. Platzventile) . . . . 37—62
Kiestöpfe 31
Ausfüllen der Rohre mit Metallspänen zur Verhinderung des Rückschlagens
der Flamme 63

10. Dichtungen und Packungen; Rohrleitungen.

Dichtungen der Brennstoffpumpe und Nadel, zuerst Asbest, dann Leder, dann
alle möglichen Materialien, endlich Dermatine, damals typisch . . 10—19
Dichtungen der Luftleitung und Petroleumleitung; nach Durchprobierung
aller erreichbaren Materialien werden eingeschliffene Metallkonusse für
alle Druckleitungen als typisch beibehalten . . . . 19—62
Luftsäcke in Brennstoffleitungen sind zu vermeiden 14
Brennstoff muß der Saugleitung der Pumpe unter Druck zufließen 14

B. Mittel zur allmählichen Einführung des Brennstoffes.

11. Verschiedene Einführungsarten des Brennstoffes.

Einspritzen ohne Luft direkt aus der Petroleumdruckleitung durch offene
Körting-Düse, Nadel unten am Maschinengestell, weit von der Ein-
mündungsstelle entfernt 12
Einspritzen ohne Luft durch gesteuerte Petroleumpumpe und mit nach innen
öffnendem Rückschlagventil an der Einmündungsstelle in den Zylinder 20
Direktes Einspritzen ohne Luft durch Petroleumpumpe unter gleichzeitiger
Öffnung eines an der Einmündungsstelle in den Zylinder sitzenden Nadel-
ventils 20

Seite

Direktes Einspritzen ohne Luft aus der Petroleumdruckleitung (ohne Petroleumpumpe) mittels gesteuerter Nadel 21

Einblasung des Brennstoffes mittels verdichteter Luft aus einem extra stehenden Kompressor 21

Einblasung des Brennstoffes mittels Luft aber ohne Luftpumpe, durch Druckluft, welche aus dem Arbeitszylinder entnommen wird. Selbsteinblasung 24—102

Direktes Einspritzen des Brennstoffes ohne Luft mittels eines kleinen Kolbens
in der Düse 27

Direktes Einblasen von Gas aus der Gasdruckleitung . . . . 33—115

Einblasung des flüssigen Brennstoffs mittels einer vom Motor selbst ange-
triebenen Luftpumpe in Verbindung mit Einblaseflasche; typisch . . 60—103

Einblasung des flüssigen Brennstoffes mittels einer Hochdruckluftpumpe, welche
die Luft schon vorverdichtet aus dem Hauptzylinder entnimmt . . 86—101

12. Brennstoffpumpen.

Brennstoffpumpe unten am Gestell, weit entfernt von der Düse 17

Petroleumhandpumpe 48

Selbständige Petroleumpumpe, von Steuerwelle angetrieben und ganz in der
Nähe des Nadelventils angebracht, typisch 60

13. Regulierung des Brennstoffes.

Regulierung der Einspritzung lediglich durch die Nadelsteuerung . . . 12—21

Regulierung der direkten Einspritzung durch Brennstoffpumpe mit variablem
Kolbenhub und Rücklauf des zu viel angesaugten Petroleumquantums
durch das vom Kolben offen gehaltene Saugventil 17

Hubweises Zumessen kleiner Petroleummengen in die Düse durch ein an der
Düse angebrachtes regulierbares Tropfventil 21

Einrichtung zum Konstanthalten des Niveaus im Petroleumdruckgefäß 52—69

Hubweises Einpumpen abgemessener Petroleummengen in die Düse durch
regulierbare Brennstoffpumpe 49

Regulierung der Petroleumpumpe durch Überlaufventil mit variablem Querschnitt 70

Regulierung der Petroleumpumpe durch völligen Abschluß des Überlaufventils durch den Regulator an verschiedenen Stellen vermittels eines
mit dem Kolben auf und ab gehenden Stempels. 73

Dasselbe Regulierprinzip, wobei aber das Saugventil der Pumpe als Überlaufventil benutzt wird 101

Zahlreiche Regulatorversuche mit verschiedenen Regulatorformen 89

14. Eintrittsorgane des Brennstoffs in den Zylinder und deren Steuerung. Nadelventile.

Seite

Nadel seitlich am Maschinengestell weit entfernt von der Eintrittsstelle des Brennstoffs 12

Typisches Nadelventil in der Zylinderachse, unmittelbar an der Einmündung im Verbrennungsraum sitzend, mit axialer Stopfbüchse und Nockensteuerung 17

Nadelgehäuse als Hohlkörper ausgebildet zum Zwecke der Vorwärmung des Brennstoffs 37

Luft- und Brennstoffzuleitungen münden direkt in den Düsenkörper, typisch 37

Variabler Nadelhub für variable Brennstoffmenge . . . . 38—103—116

Nadelgehäuse mit Drehstopfbüchse, typisch 60

Nadelgehäuse mit konischem eingeschliffenen Sitz und Zuleitung für Luft und Brennstoff durch Bohrungen im Zylinderdeckel 60

Nadelgehäuse quer zur Zylinderachse, seitliche Einblasung, typisch 99

Variable Öffnungszeit der Nadel bei gleichbleibendem Öffnungsbeginn 38—103—116

C. Mittel zur Zerstäubung und Vergasung des Brennstoffes.

15. Zerstäuber.

Offene Körting-Streudüse in Verbindung mit Brennstoffleitung unter Druck 12

Nach innen öffnendes Rückschlagventil an der Einmündungsstelle des Brennstoffs mit kegelförmiger Zerstäubung des letzteren über die Ventilfläche hin 20

Direktes Einspritzen durch das Düsenloch, ohne Mundstück 23

Prallflächen als Zerstäuber im Verbrennungsraum vor der Düsenmündung]in Form von Pfannen, Kegeln, durchlochten Flächen usw. . . . 39—96—97

Mechanischer Zerstäuber in der Düse in Form einer Messingspule mit durchlochten Rändern und Wandungen 21

Derselbe mit Einlage von Drahtgeweben zwischen den Spulenrändern . . 33—71

Zerstäuber zuerst im oberen Teil der Düse, dann ganz unten . . . . 21—71

Zerstäuber außerhalb des Zylinders in Form eines injektorartigen Apparates 41

Zerstäuber in der Düse, einfacher hoher Ringspalt 97

Seite

Zerstäuber in der Düse, zahlreiche feine radiale Brennstoffstrahlen, die vom
Luftstrahl durchschnitten werden. 98
Zerstäuber in der Düse in Form mehrerer übereinander liegender durchlochter
oder eingekerbter Scheiben, typisch. 98

16. Vergaser.

Äußerer Vergaser in Form eines geheizten Petroleumkessels 27
Innerer Vergaser in Form einer Heizspirale im Verbrennungsraum 27
Verbesserter äußerer Vergaser für flüssige Brennstoffe unter Mischung der
Petroleumdämpfe mit verdichteter Luft aus dem Hauptzylinder. . . . 31
Vergasung des zerstäubten Brennstoffs im Innern des Verbrennungsraumes
durch Einblasung desselben mit hochverdichteter Luft, typisch . 21—60—103

17. Einblasepumpen.

Extra stehender einstufiger Luftkompressor 8
Extra stehender Verbund-Luftkompressor 30
Selbsteinblasung. Erzeugung der Einblaseluft durch den Hauptkolben . . 24
An den Motor gekuppelte Einblasepumpe mit Balancierantrieb vom Haupt-
gestänge der Maschine, einstufig, verstellbarer Hub, Stopfbüchsen-
dichtung 48
Einstufige Einblasepumpe mit festem Hub, seitlich am Maschinengestell mit
Balancierantrieb, Kolbendichtung 6 feine Kolbenringe, typisch 60
Einblasepumpe saugt vorverdichtete Luft aus dem Zwischengefäß der Lade-
pumpe 61
Automatische Regulierung des Einblasedruckes mittels einer Membran, die
unter dem Druck der Einblaseflasche steht 69
Einblaseluft muß gekühlt und entwässert werden . . . . 26—56
Hochdruck-Einblasepumpe mit Ansaugung hochverdichteter Luft aus dem
Hauptzylinder . . . . 83—101
Nasse Einblaseluftpumpe 94
Automatisches Überströmventil, ungekühlt 24
Gesteuertes Überströmventil, wassergekühlt 104

18. Einblaseflaschen.

Erste Einblaseflasche, gleichzeitig Petroleumtopf 48
Erste selbständige Einblaseflasche aus Bronze mit typischem Ventilkopf,
Entwässerung usw. 68

Typische Kombination von Einblaseflasche und Anlaßflasche zwecks Rückfüllung. 68
Anlaß- und Einblaseflasche vereinigt 72

**D. Mittel zur vollkommenen und rückstandslosen Verbrennung des Brenn-
stoffs und zur Beeinflussung der Verbrennungskurve.**

19. Lage, Form und Größe des Verbrennungsraumes.

Erster Verbrennungsraum, exzentrischer becherförmiger Hohlraum im Tauchkolben, verlorene Lufträume 60 % des Hauptraumes 11
Zweiter Verbrennungsraum, zentraler Hohlraum im Aufsatz des Ringkolbens;
verlorene Lufträume 28 % des Hauptraumes 16
Dritter Verbrennungsraum, Hohlraum im Deckel, verlorene Lufträume 10 %
des Verbrennungsraumes. 37
Vierter Verbrennungsraum, typischer Raum zwischen Kolben und Deckel
ohne verlorene Lufträume 58

20. Misch- und Verteilungsorgane für den Brennstoff. Düsenmundstücke und Brenner.

Direkter Eintritt des Brennstoffstrahls durch die offene Düsenmündung . . 11
Rohrbrenner, bestehend aus einem den ganzen Verbrennungsraum durch-
ziehenden fein durchlöcherten Stahlrohr. . . . . 35—42
Doppelter Sternbrenner, bestehend aus zwei sternförmigen Brennern mit
zahlreichen radialen Austrittsstrahlen, die von einem zentralen Rohr
gespeist werden. Vierfacher Sternbrenner . . . . 37—43
Sternbrenner mit Saugringen, derselbe wie vorher, aber mit Führungsflächen,
durch welche die umgebende Luft des Verbrennungsraumes von den
Brennstoffstrahlen injektorartig angesaugt wird . . . . , 42
Strahlbrenner, injektorartige Ansaugung der Luft direkt durch den aus der
Düsenmündung kommenden Strahl 42
Brenner, welche die Brennstoffstrahlen von unten nach oben der expandieren-
den Luft entgegen schleudern 42
Rohrbrenner mit Spiralwindung, ein durchlochtes zentrales Rohr mit Schlangen-
windung zur Vorwärmung des Brennstoffs 42
Regenbrenner 43
Verschiedene Formen von Streubrennern, welche den Brennstoff von der Düse
aus brausenartig nach allen Richtungen schleudern . . . . 54—69

Konische Prallflächen in fester Lage vor der Düsenmündung . . . . . 39—96

Konische Prallflächen auf dem Kolben 97

Kalibrierte Düsenöffnungen, Düsenplatten, typisch . . . . . 21—34—57—96

E. Mittel zur Verbrennung schwer entzündlicher Brennstoffe.

21. Zweierlei Brennstoff.

Eintropfen kleiner Mengen Zündbrennstoff in die Düsenmündung zwecks
Zündung des nachfolgenden, schwer entzündbaren Brennstoffs . . 34—116

Verwendung von leicht entzündlichem Brennstoff zum Anlassen und Umschalten auf den Betriebsbrennstoff, nachdem Maschine betriebswarm . . 110

Verschiedene Mischungen schwerer Brennstoffe mit leichten 113

F. Mittel zur Zündung.

22. Verschiedene Zündmethoden.

Automatische Zündung bei erster Tour der ersten Versuchsmaschine sofort
typisch . . . . ·13

Verschiedene künstliche Zündmittel wurden zu verschiedenen Experimentier-
zwecken ausprobiert, z. B. folgende

Zündapparat, bestehend aus Asbestdocht mit Petroleumtränkung und
Funkenzündung mit Bosch- und Zettler-Magnetapparaten 29

Verschiedene elektrische Zündversuche bei Anwendung des äußeren Vergasers 31

Zündversuche von Gasströmen und Petroleumnebeln an offener Luft, mit
offener Flamme, mit glühendem Draht und elektrisch 34

Elektrische Funkenzündung in der Verbrennungskammer 37

Alle diese Zündmittel erwiesen sich als überflüssig, da der Zündvorgang im thermodynamischen Verfahren automatisch eingeschlossen ist.

Die grundlegenden Gesetze des Dieselmotorbaues.

Diese Gesetze, welche sich aus den Laboratoriumsarbeiten allmählich herausgeschält haben, sind hier ebenfalls noch einmal übersichtlich zusammengestellt, aus den gleichen Gründen, die auf Seite 140 für die typischen Konstruktionsformen angegeben wurden.

1. Verdichtung der Luft direkt von atmosphärischem Druck und atmosphärischer Temperatur auf 30—35 at, ohne Vorkompression, ohne Vorwärmung und ohne Wassereinspritzung.

2. Lage des Kompressionsraumes zwischen Kolben und Deckel, einheitliche Gestaltung desselben unter Vermeidung aller abgetrennten Nebenräume und verlorenen Lufträume.

3. Feinste Zerstäubung oder Zerteilung des einzuführenden Brennstoffes durch mechanische Zerteilungsvorrichtungen innerhalb oder außerhalb der Düse.

4. Zur Vermeidung der Selbstisolierung der Flamme, Heranziehung aller vorhandenen Luft zum Verbrennungsprozeß und innigste Mischung und Verteilung dieser gesamten Luft mit dem gesamten Brennstoff durch geeignete Düsenmundstücke und heftige Wirbelungen.

5. Einblasung des Brennstoffes mit hochgespannter, aber gekühlter und gereinigter Luft, nicht nur wegen der innigen Mischung, sondern besonders auch zu dem Zweck der Vergasung, die dadurch entsteht, daß zahlreiche Brennstoffpartikel in der ganzen Masse der Verbrennungsluft zuerst vergasen, dann in Brand geraten, und dadurch die zur Vergasung des übrigen Brennstoffs nötige Wärme entwickeln, zu welcher die Kompressionswärme allein nicht ausreicht.

6. Anbringung des Brennstoffventils direkt an die Einmündungsstelle des Brennstoffs in den Kompressionsraum des Zylinders oder in deren nächster Nähe.

7. Die Verbrennungskurve kann beliebig fallend, steigend oder unter konstantem Druck geleitet werden; die günstigste Form ist eine vom Kompressionsendpunkte nach oben mäßig konvexe Linie unter größtmöglicher Breitenentwicklung des oberen Diagrammteils.

8. Regelung der Brennstoffmenge an der Brennstoffpumpe vermittels Rücklaufs des zu viel angesaugten Brennstoffquantums durch ein vom Regulator beeinflußtes Rücklauforgan.

9. Bei schwer entzündlichen Brennstoffen oder sonstigen Zündhindernissen, Anwendung von zweierlei Brennstoff nach verschiedenen Methoden, insbesondere in Form der Vorlagerung eines Tropfens Zündbrennstoff an der Mündung des Brennstoffventils, oder in Form von Umschaltung von Zünd- auf Betriebsbrennstoff.

10. Die Dichtung des Kolbens erfolgt nicht durch die starke Spannung der Ringe, sondern durch das zwischen den Ringen gehaltene Öl. Letzteres

wird nur durch eine mathematisch genaue Form des Zylinders und der Kolbenringe erreicht, Einpressen des Schmieröls hubweise in kleinen Mengen unter Druck zwischen die Kolbenringe.

11. Anlassen des Motors durch Druckluft, welche von der Einblasepumpe aus in Flaschen aufgespeichert wird.

12. Anlage der Leitungen und Pumpen für flüssigen Brennstoff derart, daß nirgends ein Vakuum, aber auch nirgends ein Luftsack entstehen kann.

Randbemerkungen.

Die Nummern der einzelnen Bemerkungen beziehen sich auf die gleichbezeichneten Hinweise im Text des Buches.

1. Nie und nimmer kann eine Idee allein als Erfindung bezeichnet werden; man nehme aus der Liste der Erfindungen beliebige heraus: das Fernrohr oder die Magdeburger Halbkugeln, den Spinnstuhl, die Nähmaschine oder die Dampfmaschine, immer gilt als Erfindung nur die a u s g e f ü h r t e Idee. Eine Erfindung ist niemals ein rein geistiges Produkt, sondern nur das Ergebnis des Kampfes zwischen Idee und körperlicher Welt; deshalb kann man auch jeder fertigen Erfindung nachweisen, daß ähnliche G e d a n k e n mit mehr oder weniger Bestimmtheit und Bewußtsein auch Anderen, oft schon lange vorher, vorgeschwebt haben.

Immer liegt zwischen der Idee und der fertigen Erfindung die eigentliche Arbeits- und Leidenszeit des Erfindens.

Immer wird nur ein geringer Teil der hochfliegenden Gedanken der körperlichen Welt aufgezwungen werden können, immer sieht die fertige Erfindung ganz anders aus als das vom Geist ursprünglich geschaute Ideal, das nie erreicht wird. Deshalb arbeitet auch jeder Erfinder mit einem unerhörten Abfall an Ideen, Projekten und Versuchen. Man muß v i e l wollen, um e t w a s zu erreichen. Das wenigste davon bleibt am Ende bestehen.

Unser Patentgesetz kennt im allgemeinen nur einen Ideenschutz, nicht aber einen Erfindungsschutz, und deshalb kann unser Patentgesetz die wertvollsten, wirklichen Erfindungen vernichten, wenn es nur nachweist, daß die Idee schon irgendwo in einer vergessenen Schrift vermodert.

Die Entstehung der Idee ist die freudige Zeit der schöpferischen Gedankenarbeit, da alles möglich scheint, weil es noch nichts mit der Wirklichkeit zu tun hat.

Die Ausführung ist die Zeit der Schaffung aller Hilfsmittel zur Verwirklichung der Idee, immer noch schöpferisch, immer noch freudig, die Zeit der Überwindung der Naturwiderstände, aus der man gestählt und erhöht hervorgeht, auch wenn man unterliegt.

Die Einführung ist eine Zeit des Kampfes mit Dummheit und Neid, Trägheit und Bosheit, heimlichem Widerstand und offenem Kampf der Interessen, die entsetzliche Zeit des Kampfes mit M e n s c h e n , ein Martyrium, auch wenn man Erfolg hat.

Erfinden heißt demnach, einen aus einer großen Reihe von Irrtümern herausgeschälten, richtigen Grundgedanken durch zahlreiche Mißerfolge und Kompromisse hindurch zum praktischen Erfolge führen.

Deshalb muß jeder Erfinder ein Optimist sein; die Macht der Idee hat nur in der Einzelseele des Urhebers ihre ganze Stoßkraft, nur dieser hat das heilige Feuer zur Durchführung.

2. Die Akten und Zeichnungen zu diesen jahrelangen Versuchen mit Ammoniakdämpfen und Ammoniakmotoren sind noch vorhanden und bieten mancherlei Interessantes; sie gehören aber nicht zum Thema dieser Schrift. Ich hatte mich mit Dr. Gustav Zeuner in Dresden in Verbindung gesetzt, um gemeinsam mit ihm aus den Lösungsversuchen von Ammoniak in Wasser und Glyzerin, die unter genauer kalorimetrischer Messung aller Wärmeerscheinungen durchgeführt wurden, die theoretischen Folgerungen zu ziehen. Unser Vorsatz scheiterte aber bei beiden an der Überlastung mit anderen, näher liegenden Aufgaben.

3. Über die Patente und deren Schutzfähigkeit und Schutzumfang ist viel gestritten worden; insbesondere wollte man daraus, daß das zweite Patent ein Zusatz zum ersten war, schließen, daß es sich auch hier nur um isothermische Verbrennung handeln könne und daß die „Veränderung der Gestalt der Verbrennungskurve" gar nicht möglich sei, weil es sich nur um Maschinen der im Hauptpatent gekennzeichneten Art (also mit isothermischer Verbrennung) handle. Dieser Streit ist heute müßig; er gipfelt in allerhand persönlichen Meinungen, die gegenüber den Tatsachen gegenstandslos sind, daß die Patente in sämtlichen Ländern ausnahmslos ihre Zeit durchgehalten haben und durch niemand verletzt wurden, daß zur Zeit der Entstehung des Motors langwierige Patentstreitigkeiten in verschiedenen Ländern erfolgreich durchgefochten wurden, daß die Patente vor Abschluß der Lizenzverträge von zahlreichen Sachverständigen, darunter denjenigen von Krupp, von der amerikanischen Dieselgesellschaft, Lord Kelvin u. a. geprüft und trotz der damals an den Tag gezogenen Literatur über ähnliche Gedankengänge von Köhler, Capitaine u. a. für durchaus neu erklärt wurden, wobei ich mir die Einschaltun gerlaube, daß mir diese Literatur zur Zeit der Entstehung der Erfindung und der Anmeldung der Patente vollkommen unbekannt waren.

Ein Patent ist keine wissenschaftliche Abhandlung, die man unter die Lupe strenger Wissenschaftlichkeit nehmen kann. Die Patenttexte werden nach rein praktischen und patenttechnischen oder taktischen Gründen verfaßt, die mit Wissenschaft nichts gemein haben, oft bestehen sie aus irgend einem Kompromiß mit den Prüfern, der weit von dem entfernt ist, was sie streng wissenschaftlich sein sollten. Patenttexte zum Prüfstein wissenschaftlicher Anschauungen benutzen und kritisieren zu wollen, ist eine weltfremde Torheit.

Selbstverständlich durfte ich während der Patentdauer bei den großen fremden Interessen, die zu vertreten und zu schützen waren, die Patente nicht unter Diskussion stellen oder zu einer Diskussion beitragen. Es war meine Pflicht, in meinen Veröffentlichungen stets mit Nachdruck auf alle die Punkte hinzuweisen, welche mit den Patenten übereinstimmten.

4. Über dieses „w e i t   ü b e r“ ist schon viel gestritten worden, nicht nur mit den Prüfungsinstanzen des ersten Patentes, sondern auch in der Literatur.

Die Wahl der Worte „weit über Entzündungstemperatur“ hatte den Zweck, festzustellen, daß n i c h t die E n t z ü n d u n g s temperatur des Brennstoffes durch die Verdichtung erreicht werden soll, sondern daß die Erreichung einer w e i t   h ö h e r e n Temperatur unter Schutz gestellt werden sollte, eben zu dem Zwecke der Verbesserung der Wärmeausnützung.

Da über Entzündungstemperaturen von Brennstoff damals so gut wie nichts bekannt war, blieb kein anderer Ausweg, als den Gedanken in eine solche allgemeine Form zu kleiden. Die Praxis hat nachher gezeigt, daß die Kompression gar nicht so weit getrieben werden mußte, wie ich selbst ursprünglich annahm. Es zeigte sich bei den Versuchen, daß die Entzündungstemperatur schon bei so niedrigen Kompressionen lag, daß die schließlich beibehaltene Verdichtung von 30—35 at auch schon dem Wortlaut genügen konnte.

Wenn aber, wie jetzt vielfach behauptet wird, die hohe Verdichtung nur nötig sei wegen der Sicherheit der Zündung beim Anlassen der kalten Maschine, so hat sie nur noch die Bedeutung einer Zündvorrichtung zum Anlassen. Wenn dem so ist, so rate ich allen Dieselmotorfabriken, sofort die Kompression auf die Hälfte zu vermindern und für das Anlassen eine einfachere und billigere Zündeinrichtung zu treffen. In diesem Falle muß ich sogar den enormen Aufwand an Geist und konstruktivem Können, welchen die Fabriken der Entwicklung der Maschine widmeten, bedauern; wenn das alles bloß diesem auf viel einfacherem Wege erreichbaren Zwecke gegolten hat.

5. Diese Untersuchungen, sämtlich aus dem Jahre 1893 und vor Erteilung des zweiten Patentes, umfassen m e h r e r e   B ä n d e „Nachträge“ zu meiner theoretischen Broschüre, die niemals veröffentlicht wurden „weil die für die Praxis

vorbehaltenen Ausführungsarten nicht veröffentlicht werden sollten". (S. Nachträge Band 1. Seite 225.) Sie werden aber mit den übrigen Akten dem Deutschen
Museum übergeben.

Auszugsweise sei hier nur die nebenstehende Figur 82 aus jener Zeit nebst
einigen Sätzen aus dem zugehörigen Text wiedergegeben (Nachträge Band 1, Seite
239 ff.).

"Wir haben früher schon gesehen, daß wir überhaupt keine andere Verbrennung als konstanten Druck anwenden. In der Figur sind zwei Kurven gezeichnet;
die untere stellt die wirtschaftlichen Wirkungsgrade, die obere die Raumleistung
des Motors pro 1 cbm Zylindervolumen dar, und zwar nur für Verbrennung bei
konstantem Druck bis 1600⁰ und unvollständiger Expansion. Ganz allgemein
geht aus den Tabellen hervor, daß kleine Kompressionen große Zylinder und große

**Zusammenstellung der wirtschaftlichen Wirkungsgrade und
relativen Raumleistungen für rein adiab. Kompression auf verschiedene Höhen und Verbrennung bei konstantem Druck bis
1600⁰ C in allen Fällen.**

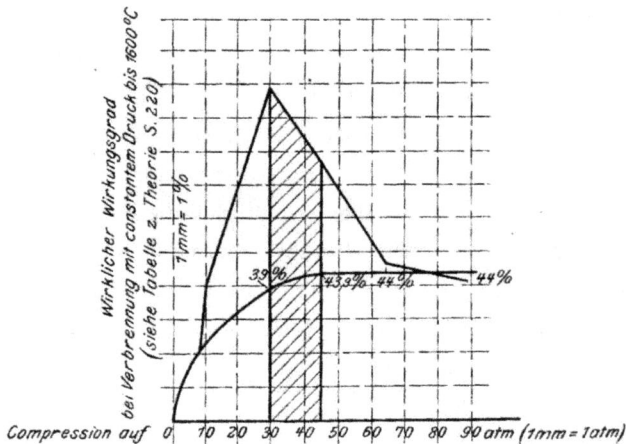

Untere Kurve: wirklicher Wirkungsgrad 1 mm = 1%.
Obere Kurve: relative Leistung pro 1 cbm Cylindervolumen. 100 mm
          = 1 Abscissonaxe = 1. (Nullpunkt 100 mm unter Abscissenaxe)
beides in Bezug auf die Kompressionshöhe in kg qcm als Abscissen.

Fig. 82.

Kompressionen kleine Zylinder erfordern, und daß die Belastung des Triebwerkes
in beiden Fällen fast gleich, eher zu ungunsten der geringen Kompression ausfällt.
Die geringe Kompression hat aber den praktischen Nachteil großer Zylinder, also
teurer Maschinen und wahrscheinlich größerer Reibungsverluste infolge der
großen Kolben, da ja die Triebwerke gleich sind.

Suchen wir nun in den Kurven diejenigen Stellen, wo die Raumleistung und
zugleich der wirtschaftliche Wirkungsgrad ein Maximum werden, so ist diese Stelle

durch den vertikalen schraffierten Streifen begrenzt, liegt also zwischen 30 und 44 at Kompression bzw. 500—600° C, also noch niedriger, als wir früher annahmen. Leider ist die maximale Raumleistung nicht zusammenfallend mit dem maximalen wirtschaftlichen Wirkungsgrad. Glücklicherweise liegen aber beide Maxima nahe beisammen und wiederum angenehmerweise bei relativ niedrigen Kompressionen. Da der Prozeß zwischen 500 und 600° Kompressionstemperatur sich voraussichtlich (soweit die bisherigen Augsburger Versuche schließen lassen*) schon richtig abspielt, so ist damit sehr viel gewonnen. Die Kurven zeigen auch, daß höhere Kompressionen als die genannten nichts mehr nützen, weil der Gewinn am thermischen Wirkungsgrad durch den Verlust am mechanischen aufgewogen wird, und weil die Raumleistungen bei höherer Kompression infolge der großen Arbeitsverluste wieder abnehmen. Es wird sich also empfehlen, die ferneren Augsburger Versuche mit 30—35 at Kompression durchzuführen und nicht höher zu streben, bis die weitere Ausbildung des Motors feinere Nuancierung gestattet.

Bei den von uns nun gewählten mittleren Kompressionsgraden von 30—40 at ist die Variation der Leistung innerhalb gewisser Grenzen ohne große Beeinträchtigung des wirtschaftlichen Effektes möglich, was wiederum ein günstiger Umstand ist.

Zusammenfassend wählen wir naher nach dem bisherigen Stand der Untersuchung folgende Arbeitsweise des Motors:

1. Kompression auf 30 bis höchstens 40 at.
2. Verbrennung bei konstantem Druck, so hoch als es die Temperaturverhältnisse gestatten, womöglich bis 1600 oder 1800° Endtemperatur.

Innerhalb gewisser Grenzen ist dabei ziemliche Variation der Leistung ohne Beeinträchtigung des wirtschaftlichen Wirkungsgrades möglich, und zwar um so mehr, je niedriger die Kompression innerhalb obiger Grenzen.“

Diese Verhältnisse wurden auch in der Korrespondenz mit Krupp festgestellt.

16. Juni 1893, v o r dem Beginn jedes Versuchs, schrieb ich an Krupp wie folgt:

„Inzwischen habe ich einige theoretische Punkte meines Prozesses näherer Untersuchung unterzogen, wofür mir früher wegen Überhäufung an Arbeit die Zeit fehlte. Es hat sich ergeben, daß durch eine etwas veränderte Führung des Prozesses die Zylinder noch wesentlich reduziert werden können und ich hoffe in Augsburg etwa die doppelte Leistung zu erreichen, als ursprünglich angenommen war; die Frage von den unverhältnismäßigen Dimensionen des Triebwerkes im Vergleich zur Leistung verliert dadurch sehr an Bedeutung.“

Am 16. Oktober 1893 vervollständigte ich diese Mitteilungen wie folgt:

„Das Prinzip dieser veränderten Prozeßführung liegt darin, unter Beibehaltung des Punktes 1 (siehe Figur 83) des Diagramms den Motor nicht dadurch zu regulieren, daß von der Verbrennungskurve 1—2 kürzere oder längere Stücke zur Ausführung kommen, sondern daß man durch rascheres Einspritzen des Brennstoffes d i e V e r b r e n n u n g s - k u r v e nach 1—2‘, 1—2‘‘ h e b t und d a d u r c h die Diagrammfläche vergrößert; da in meinem Patent steht, daß-die

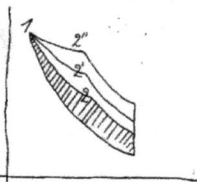

Fig. 83.

*) D. h. die wenigen schmalen Diagramme der Versuchsreihe 1.

Verbrennung ohne wesentliche D r u c k - und Temperaturerhöhung erfolgt, s o
s i n d   d i e s e   V e r b r e n n u n g s k u r v e n   b i s   z u   k o n s t a n t e m
D r u c k   m i t   d a r i n   e n t h a l t e n. Trotzdem ist ein besonderes Patent,
welches sich auf die Ausführung dieser Reguliermethode bezieht, bereits angemeldet.

A l s   n o r m a l   b e t r a c h t e   i c h   d i e   V e r b r e n n u n g   u n t e r
k o n s t a n t e m   D r u c k. Die Wärmemenge ist also sehr rasch einzuspritzen,
statt langsam, wie früher vorgeschlagen; das ist praktisch der ganze Unterschied.

Indes scheint mir das Hauptinteresse gegenwärtig lediglich auf dem Gebiete
der Versuche zu liegen. Es lag mir vorläufig nur daran, zu beweisen, daß der Weg,
auf dem wir vorwärts schreiten, der einzig richtige ist; es ist ja geradezu selbstverständlich, daß damit nur ein Anfang gemacht ist und daß die gründliche Durch-
arbeitung der Frage noch Fortschritte zeigen wird, an die man jetzt noch nicht
oder nur unbestimmt denkt, d i e   w i r   u n s   a b e r   d u r c h   V e r m e i d u n g
ö f f e n t l i c h e r   D i s k u s s i o n e n   s e l b s t   s i c h e r n   m ü s s e n."

Alle diese Verhältnisse waren in Augsburg und Essen so bekannt und selbstverständlich, daß die Maschinenfabrik Augsburg in einem Brief vom 19. Dezember
1899 schrieb:

„Nach bisherigen Versuchen am Dieselmotor liegen die günstigen Verbren-
nungsdrucke zwischen 30 und 40 at, weil bei höheren Drucken der mechanische
Wirkungsgrad den termischen Gewinn aufwiegt."

Wenn also heute, nach 20 Jahren, Ingenieure, die nicht dabei waren, die
später nur die fertige, vollständig ausgebildete, gutgehende Maschine kennen
lernten und vielleicht niemals über die Gründe und Ursprünge nachgedacht haben,
aussagen, die Kompressionshöhe sei lediglich durch die Zündung bestimmt, so sind
sie eben im Irrtum, auch wenn sie ausgezeichnete Dieselmotorkonstrukteure sind.

6. Mein Interesse war schon seit langer Zeit den Rohölen zugewandt, weil
ich mich als Kälteingenieur viele Jahre lang mit der Ausbildung eines Verfahrens
zur Extraktion des Paraffins aus Rohölen durch Kälte beschäftigt hatte. Bei diesen
Versuchen arbeitete ich mit Rohölen aus den verschiedensten Ländern und hatte
Gelegenheit, diese Stoffe eingehend zu studieren, wodurch der Wunsch in mir
rege wurde, sie zu motorischen Zwecken zu verwenden.

7. In neuerer Zeit ist das Selbsteinblaseverfahren wieder aufgetreten; die
Maschinenfabrik Augsburg hat in Turin 1911 eine solche Maschine nach den Patenten
Vogel ausgestellt, man hat aber von der Einführung in die Praxis seit dieser Zeit
noch nichts gehört.

8. Der Vorschlag der Verwendung von zweierlei Brennstoff, aber in ganz
anderen Formen, ist schon im Patent Nr. 67207 auf S. 3, im Patent Nr. 82168
auf S. 2 und im Anspruch, endlich im Patent Nr. 118857, das ebenfalls von mir
stammt, gemacht.

9. Die Weglassung des Kreuzkopfes wurde zuerst von Colonel E. D. Meier, dem Direktor der Diesel Engine Co. of America durchgeführt und hat sich auch für Maschinen bis zu mittleren Größen sehr gut bewährt und bis heute erhalten. In neuerer Zeit aber sind, namentlich durch die Bedürfnisse des Schiffbaues, die Dimensionen der Maschinen so vergrößert worden, daß man für große Maschinen wieder zur alten Kreuzkopfkonstruktion überging.

10. Die Erfolge des Dieselmotors mit den Erdölen und die Arbeiten Dr. P. Rieppels über Teeröle veranlaßten bekanntlich später die Teerölproduzenten, durch bessere Fraktionierung und sorgfältigere Auswahl Brennstoffe zu schaffen, welche die Nachteile der früher verwendeten rohen ungereinigten Teeröle nicht mehr aufwiesen und die in stets gleicher Beschaffenheit geliefert werden konnten Dadurch sind in neuerer Zeit die Teeröle als Motoröle gleichberechtigt neben die Erdöle und deren Produkte getreten.

Was die Anwendung der Teere selbst, insbesondere des Ölteers aus den Wassergasanlagen der Gasfabriken betrifft, so sind in Augsburg hierüber keine Versuche gemacht worden. Es ist aber interessant, festzustellen, daß die ersten Versuche und Dauerbetriebe damit von Colonel E. D. Meier, dem Direktor der amerikanischen Diesel-Gesellschaft, im Februar 1906 in der Gasfabrik Philadelphia mit vollem Erfolg angestellt wurden.

11. In Fig. 13 bedeuten die ausgezogenen Kurven die Versuchswerte, die gestrichelten Linien die Werte aus folgender von mir aus theoretischen Erwägungen abgeleiteten Formeln. Beide Kurven decken sich fast vollkommen.

$$(p_a)^{\frac{1}{5}} = 1 + C \cdot (t - t_0),$$

worin:

p_a = Druck in Atmosphären (à 10 334 kg pro Quadratmeter oder 760 mm Quecksilber),

t = die zum Druck p_a gehörende Temperatur des gesättigten Dampfes in Grad Celsius,

t_0 = die Temperatur des gesättigten Dampfes bei 1 at Druck oder die Siedetemperatur,

C eine Konstante, und zwar:

für das untersuchte Petroleum von einer Dichte von

0,793 bei 18,7° C . . . . $C = 0,003532$,

für das untersuchte Benzin von einer Dichte von 0,712

bei 19,2° C . . . . $C = 0,005061$.

Zur Kontrolle obiger Formel rechnete ich dieselbe auch für andere Flüssigkeiten aus, und fand, daß folgende Werte von C alle Versuchswerte von Regnault bzw. die Tabellenwerte Zeuners mit fast mathematischer Genauigkeit wiedergeben.

Wasser . . . . $C = 0{,}0072703$

Ammoniak . . . . $0{,}0100857$

Quecksilber . . . . $0{,}00373594$

Äther . . . . $0{,}00692738$

Alkohol . . . . $0{,}00798564$

Schweflige Säure . . . . . . $0{,}00877899$

Kohlensäure . . . . $0{,}01099608$

Glyzerin . . . . $0{,}0020544$

Obiges Gesetz gilt nicht nur für einfache Körper, sondern auch für Lösungen; ich fand es bei Gelegenheit meiner Versuche mit Ammoniakmotoren bestätigt für Lösungen des Ammoniaks in Wasser und Glyzerin, wofür ich ebenfalls die Druckkurven und die Konstanten bestimmte.

Versuchsreihe 1. (1893)

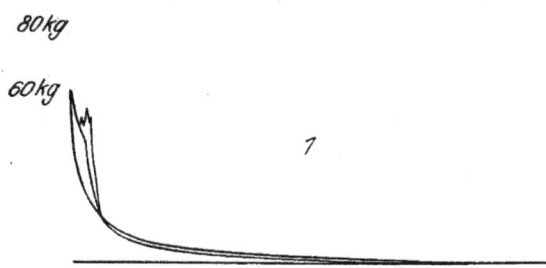

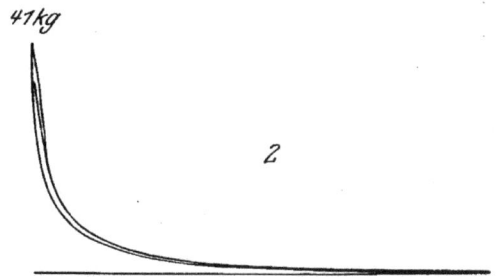

80kg

60kg

1

41kg

2

Versuchsreihe 2. (1894)

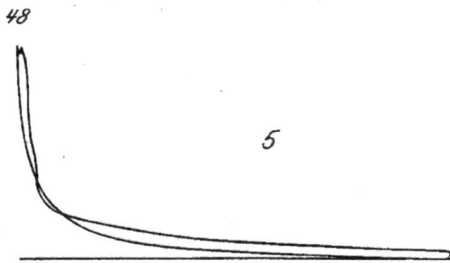

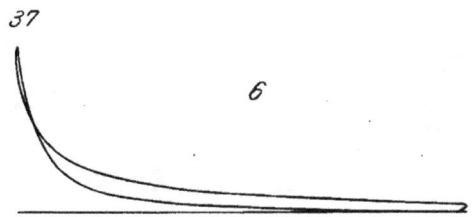

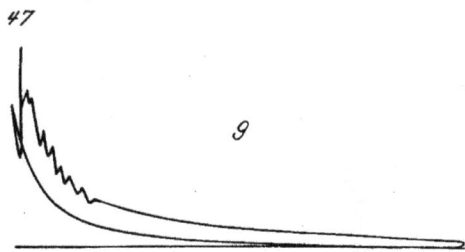

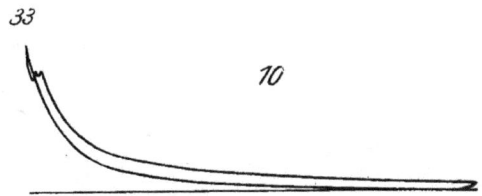

48

5

37

6

47

9

33

10

Versuchsreihe 1. (1893)

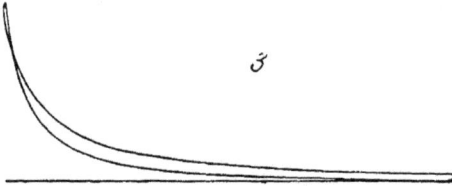

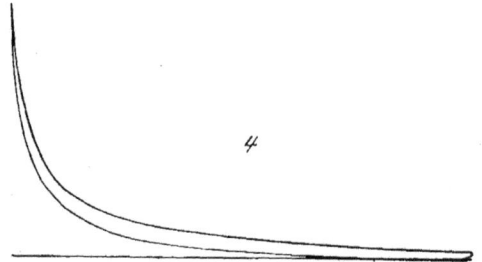

Versuchsreihe 2. (1894)

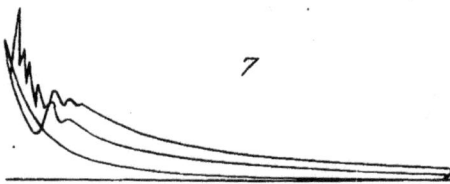

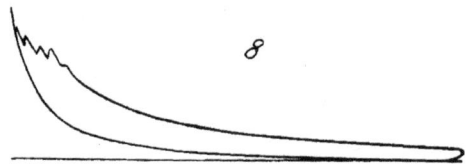

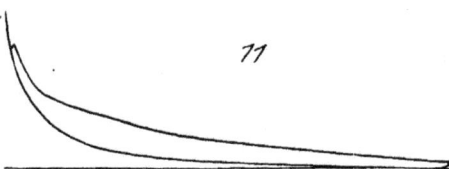

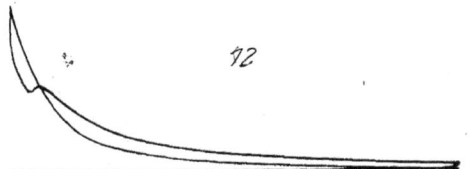

Tafel II.

Versuchsreihe 3. (1894)

Versuchsreihe 4. (1894)

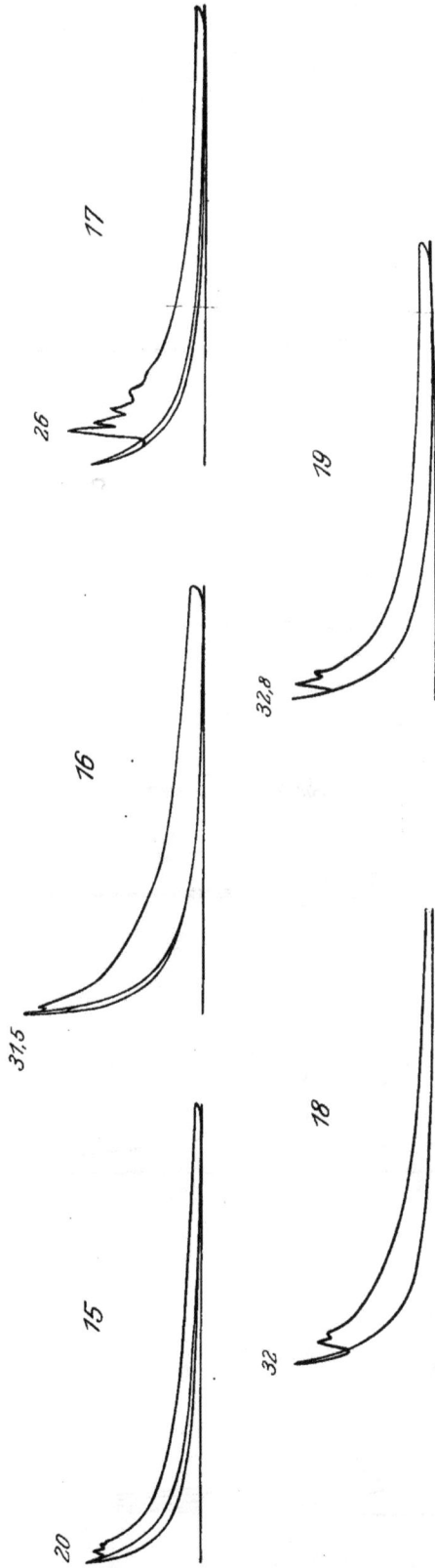

versuchsreihe 5. (1895/96)

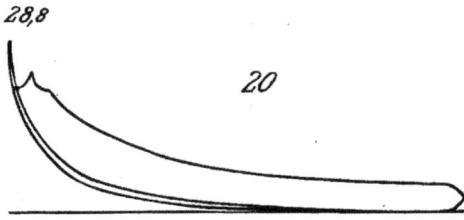

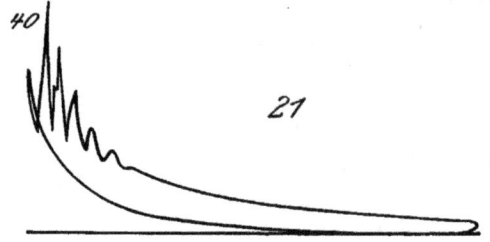

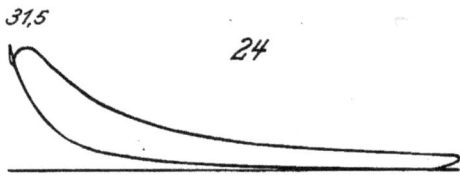

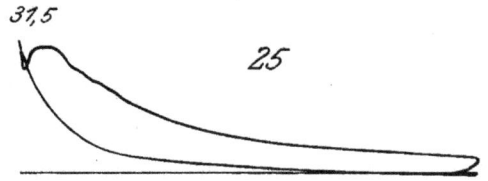

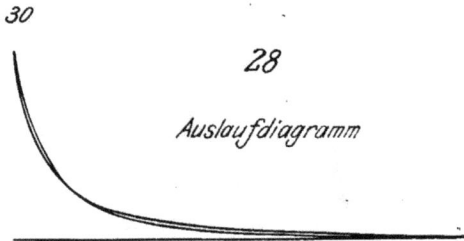

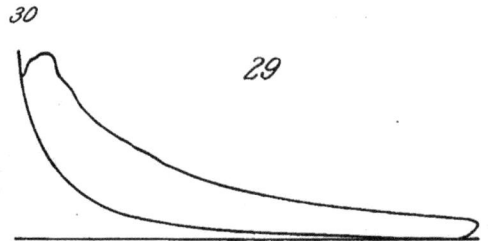

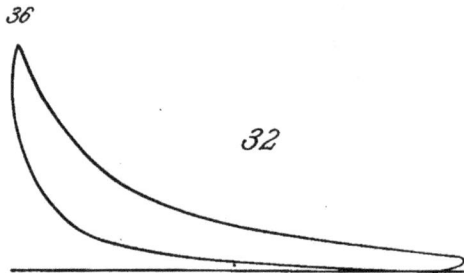

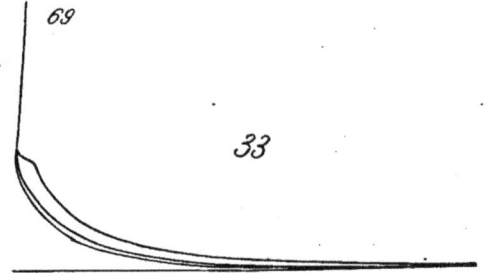

28,8 — 20

40 — 21

31,5 — 24

31,5 — 25

30 — 28 — Auslaufdiagramm

30 — 29

36 — 32

69 — 33

Versuchsreihe 6. (1897)

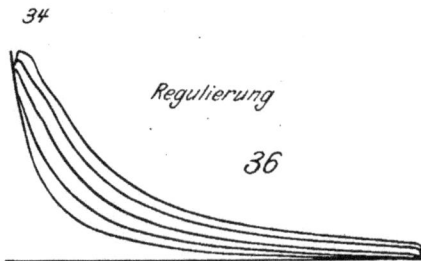

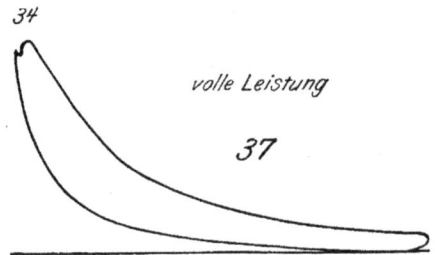

34 — Regulierung — 36

34 — volle Leistung — 37

versuchsreihe 5. (1895/96)

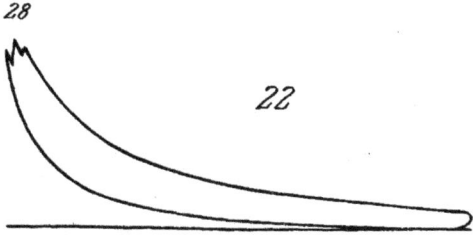

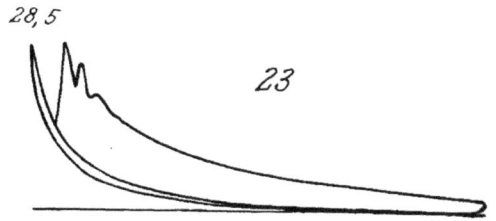

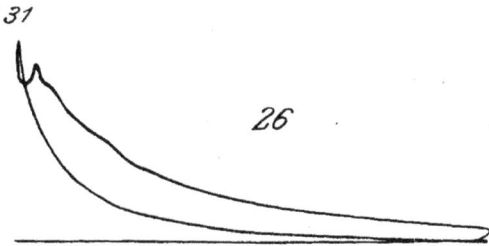

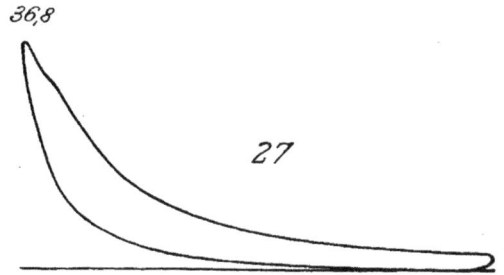

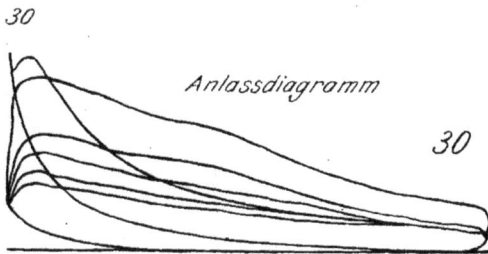

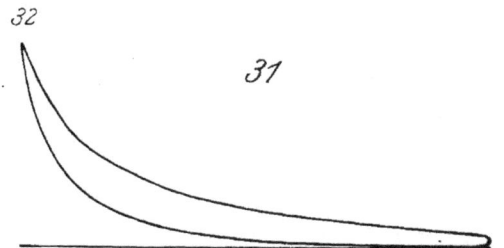

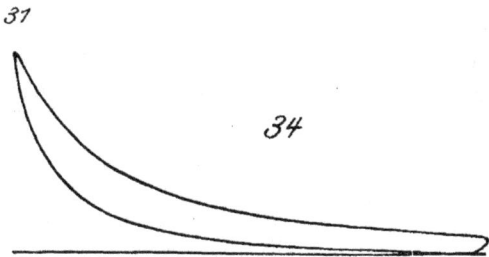

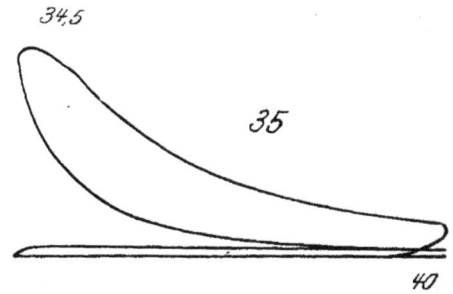

28

22

28,5

23

31

26

36,8

27

30

Anlassdiagramm

30

32

31

31

34

34,5

35

40

Versuchsreihe 6. (1897)

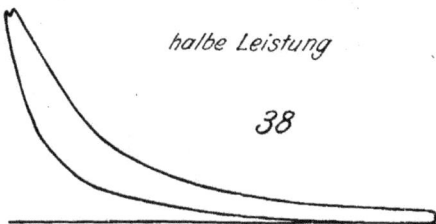

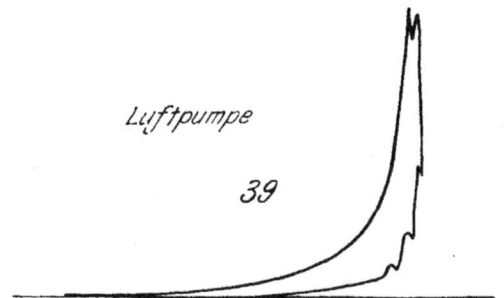

halbe Leistung

38

Luftpumpe

39

www.ingramcontent.com/pod-product-compliance
Lightning Source LLC
Chambersburg PA
CBHW070240230326
41458CB00100B/5663